AF457570

RECHERCHES

SUR

LA CHALEUR

DÉVELOPPÉE DANS LA COMBUSTION

ET DANS

LA CONDENSATION DES VAPEURS;

PAR LE COMTE DE RUMFORD, F. R. S.,

Lieutenant-Général au service de S. M. le Roi de Bavière; Associé étranger de l'Institut impérial de France, etc., etc.

A PARIS,

DE L'IMPRIMERIE D'EVERAT, RUE SAINT-SAUVEUR, N°. 41.

MDCCCXII.

RECHERCHES

SUR

LA CHALEUR

DÉVELOPPÉE

DANS LA COMBUSTION,

PAR LE COMTE DE RUMFORD, F. R. S.,

Lieutenant-Général au service de S. M. le Roi de Bavière; Associé étranger de l'Institut impérial de France, etc.;

Lu à la Séance de la première Classe de l'Institut, du 24 février, et dans celle du 30 novembre 1812.

IL y a long-temps qu'on a cherché à mesurer la chaleur qui est développée dans la combustion des substances inflammables; mais les résultats des expériences ont été si contradictoires, et les méthodes employées si peu faites pour inspirer de la confiance, que c'est avec raison qu'on regarde ce travail comme peu avancé.

Je l'ai entrepris à trois différentes reprises, depuis 20 ans, mais sans succès. Après avoir fait un grand nombre d'expériences, avec le soin le plus scrupuleux, et avec des appareils long-temps médités, et ensuite exécutés par d'habiles ouvriers, je n'ai pourtant rien trouvé qui m'ait paru assez décisif pour mériter d'être publié. Un grand appareil en cuivre, de plus de 12 pieds de long, que je fis construire à Munich, il y a 15 ans, et un autre guères moins dispendieux, fait à Paris, il y a 4 ans, et que j'ai encore dans mon laboratoire, attesteront le désir que j'ai eu depuis long-temps, de trouver le moyen d'éclaircir une question qui m'a toujours paru d'une haute importance, et pour les sciences et pour les arts.

J'ai la satisfaction de pouvoir annoncer à la classe, aujourd'hui, qu'après toutes mes tentatives infructueuses, j'ai à la fin trouvé un moyen fort simple de mesurer la chaleur qui se manifeste dans la combustion, et même avec une précision qui ne laisse plus rien à désirer.

Afin que l'on puisse mieux juger de ma méthode d'opérer, et de la confiance qu'on peut accorder aux résultats de mes expériences, j'ai placé mon appareil devant les yeux de la classe.

La partie principale de cet appareil est une espèce de récipient prismatique de 8 pouces de longueur, sur 4 pouces et demi de largeur et 4 pouces trois-quarts de hauteur, construit en feuilles très-minces de cuivre rouge. Ce recipient, qui pourroit bien mériter le nom déjà célèbre de *Calorimètre*, est muni d'un long goulot près d'une de ses extrémités, de trois quarts de pouce de diamètre et 3 pouces de hauteur, qui est destiné à recevoir et à soutenir en place un thermomètre de mercure, d'une forme particulière. Ce récipient a aussi un autre goulot, d'un pouce de diamètre et d'un pouce de hauteur, situé au centre de sa partie supérieure qui est fermée avec un bouchon de liége.

Dans l'intérieur de ce récipient, à la hauteur de 2 lignes au-dessus de son fond plat, se trouve une espèce particulière de serpentin, qui reçoit tous les produits de la combustion des corps inflammables qu'on brûle dans les expériences, et qui transmet la chaleur manifestée dans cette combustion, à une masse considérable d'eau qui se trouve dans le récipient.

Ce serpentin, qui est construit en feuilles minces de cuivre rouge, occupe et couvre tout le fond du récipient, sans pourtant toucher ni ce fond ni les parois du récipient. C'est un tuyau plat, d'un pouce et demi de largeur à une de ses extrémités, d'un pouce de largeur à l'autre, et d'un demi-pouce de hauteur ou d'épaisseur partout,

Il est ployé horizontalement de manière à passer trois fois d'une extrémitié du récipient à l'autre ; et il est soutenu à sa place, par plusieurs petits pieds, à la hauteur de 2 lignes au-dessus du fond du récipient.

L'ouverture qui fait la bouche du serpentin, est un trou circulaire dans son fond, près de son extrémité, où il a la plus grande largeur. Dans ce trou est soudé un tuyau vertical, d'un pouce de diamètre et d'un pouce de hauteur, qui entre un un quart de pouce dans l'intérieur du serpentin, au-dessus du niveau de son fond.

Ce tuyau passe à travers le fond du récipient, par un trou circulaire fait pour le recevoir, et où il est soudé ; son ouverture en bas, qui est ouverte, se trouve à la distance de 7 lignes au-dessous du niveau du fond du récipient, et c'est par ce passage que l'on fait entrer les produits de la combustion dans le serpentin.

L'autre extrêmité du serpentin traverse horizontalement la paroi verticale de l'extrémité du récipient opposée à celle près de laquelle les produits de la combustion entrent dans le serpentin.

Le serpentin, avant que de traverser la paroi verticale de l'extrémité du récipient, prend la forme d'un tuyau rond, de 6 lignes de diamètre, et un morceau de ce tuyau, d'un pouce de longueur, se fait voir en dehors du récipient. Ce morceau est destiné à entrer à frottement dans un autre tuyau semblable, appartenant au serpentin d'un second récipient, que j'appelle le *récipient secondaire*, qui est destiné à recevoir la chaleur qui pourroit encore se trouver dans les produits de la combustion, après qu'ils auroient parcouru le serpentin du *récipient principal*.

Pour soutenir ces deux récipiens en l'air, de manière à ne point toucher la table sur laquelle on les place, ils sont fixés l'un et l'autre, dans des cadres de bois de tilleul sec, faits de baguettes d'un pouce carré: un rebord (en cuivre) de 3 lignes de largeur, qui descend tout autour du fond du récipient, sert pour attacher le récipient à son cadre de bois, par le moyen d'une rangée de très-petits clous. Le corps du récipient entre d'environ une ligne dans son cadre, et le remplit très-exactement.

La perfection de cet appareil dépend essentiellement de la forme (plate) du serpentin, comme on le verra, lorsqu'on aura considéré l'objet qu'il est destiné à remplir.

Les produits de la combustion étant tous des fluides élastiques, et parconséquent des substances qui ne peuvent communiquer leur chaleur, qu'en allant, particule à particule, pour la déposer sur la surface du corps froid et immobile qui est destiné à la recevoir, il étoit indispensable d'arranger l'appareil de manière à ce que ces fluides chauds fussent nécessairement *déployés dessous* et *contre* une large surface plate, placée horizontalement et toujours froide.

Avant que de me servir de serpentins horizontaux, construits de tuyaux applatis, j'avois plus d'une fois essayé ceux de la forme ordinaire; mais ils n'ont jamais rempli mes vues que d'une manière imparfaite, et je n'ai jamais pu tenir aucun compte des expériences dans lesquelles ils ont été employés.

Il n'y a nul doute, que la forme que j'ai adoptée pour le serpentin de mon calorimètre, seroit très-avantageuse pour toutes les espèces d'appareils de distillation.

Une chose très-importante dans l'arrangement de mon appareil, c'est la forme du thermomètre dont je me sers pour mesurer la température de l'eau dans le recipient. Ce thermomètre, que j'ai fait moi-même, il y a dix ans, et qui, après avoir soutenu toutes les épreuves, a toujours paru bon, est un thermomètre à mercure, divisé d'après l'échelle de Fahrenheit. C'est un des quatre thermomètres, tout semblables, que j'ai employés dans mes recherches sur le refroidissement des liquides enfermés dans des vases, faites à Munich pendant l'hiver de 1802 à 1803. Son réservoir, qui est cylindrique, n'a qu'environ 2 lignes de diamètre, pendant qu'il a 4 pouces de hauteur; et comme l'eau, dans le recipient de mon thermomètre, a 4 pouces de profondeur; ce thermomètre indique toujours la température moyenne de ce liquide, *quelles que soient les températures de ses différentes couches.*

J'ai eu bien souvent des occasions dans mes différentes recherches sur la chaleur, de voir l'importance de cette précaution; et je ne conçois pas comment on peut espérer d'éviter de grandes erreurs en mesurant la température des liquides qu'on chauffe ou qu'on laisse refroidir, si on néglige d'y faire attention. Quant à moi, j'avoue franchement, que je fais peu de cas des expériences qu'on m'annonce, lorsque je sais qu'elles ont été faites d'une manière se négligente; et certes, je ne perdrai jamais mon temps en cherchant à bâtir des théories sur leurs résultats.

En se servant de l'appareil dont je viens de rendre compte, il est nécessaire d'employer plusieurs précautions. Il est facile de voir d'abord que lorsqu'il s'agit de déterminer la quantité de chaleur développée dans la combustion d'une substance inflammable quelconque, il est indispensablement nécessaire d'arranger les choses de manière à ce que *la combustion soit complète.* J'ai pensé que l'on pourroit la regarder comme telle toutes les fois que la substance brûlée ne laisse point de résidu, et qu'elle brûle avec une belle flamme, sans fumée ni odeur.

La moindre odeur, surtout celle propre au corps inflammable qu'on brûle, est une indication infaillible que la combustion n'est pas parfaite.

J'ai cherché long-temps avant que de trouver moyen de brûler d'une manière satisfaisante le les liquides très-volatils, comme l'alkool et l'éther; mais je l'ai trouvé à la fin, comme on le verra tout à l'heure. J'ai réussi souvent à brûler de l'éther sulphurique très-rectifié, sans qu'il se soit trouvé la moindre odeur d'éther répandue dans la chambre; et ce n'a été que dans ces cas que j'ai regardé les expériences comme bonnes.

Quant aux bois, j'ai trouvé un moyen fort simple de les brûler tous, sans la moindre apparence ni de fumée, ni d'odeur. J'ai fait faire, par un menuisier, des copeaux d'environ 6 lignes de largeur et $\frac{1}{10}$ de ligne d'épaisseur, en rubans de 6 pouces de longueur, et en les tenant, dans la main, ou avec une pince, élevés à un angle d'environ 45 degrés, et avec leur tranchant dans une position verticale, ils brûlent comme une allumette, et avec une très-belle flamme,

Le morceau de bois qui brûle, étant très-mince, et se trouvant entre deux flammes plates qui le serrent de fort près, est exposé à l'action d'une chaleur si forte, qu'il brûle parfaitement et entièrement.

Si on emploie des copeaux trop épais, une partie de charbon du bois reste, surtout si c'est du chêne ou d'autre bois d'une combustion lente et difficile, et dans ce cas les expériences ne sont pas bonnes; mais en se servant de copeaux assez minces et bien séchés, j'ai trouvé que toutes les espèces de bois peuvent être brûlés complètement.

En brûlant les chandelles, les bougies et les huiles grasses dans les lampes, les seules précautions à prendre sont d'arranger la mèche de manière à ne point donner de fumée, de placer la flamme convenablement sous l'ouverture du serpentin, et de couvrir l'appareil par des écrans, de tous les côtés, pour empêcher la flamme d'être dérangée par le vent.

Il y a dans ces expériences une source d'erreurs trop évidentes pour échapper à l'observation la plus superficielle, et à laquelle il étoit urgent de faire attention. Pendant que le calorimètre est chauffé par la chaleur développée dans la combustion de la substance inflammable qu'on brûle à l'ouverture de son serpentin, il est continuellement refroidi par l'air environnant qui l'entoure de tous les côtés. Il seroit possible, sans doute, par des calculs fondés sur la connoissance de la loi du refroidissement du récipient, qu'on pourroit découvrir par des expériences particulières, de déterminer la mesure de l'effet produit par le refoidissement en question, et même avec un certain degré de précision; mais il auroit été impossible d'apprécier par cette méthode, ni par aucun autre moyen connu, les effets d'une autre cause d'erreur, moins ostensible peut-être, mais certainement plus puissante que celle du refroidissement de la surface extérieur du récipient.

L'azote qui se trouve mêlé avec l'oxygène de l'air atmosphérique, est nécessairement entraîné dans le serpentin avec les produits proprement dits de la combustion, et sans une précaution qu'il m'est venu dans l'esprit d'employer pour prévenir les effets de cette cause d'erreur, en les compensant, toutes mes expériences n'auroient rien valu.

Heureusement le moyen que j'ai employé pour prévenir les effets de cette cause d'erreur, a suffi pour prévenir en même-temps ceux qui auroient pu résulter du refroidissement de la surface extérieure du récipient.

Comme le récipient n'est refroidi ni par l'air atmosphérique qui touche à sa surface extérieure, ni par l'azote et les autres gaz qui traversent le serpentin avec les produits de la combustion, qu'autant que le serpentin est plus chaud que l'air environnant ; et qu'au contraire il est chauffé par ces mêmes fluides élastiques, toutes les fois qu'il se trouve à une température plus basse que la leur ; en faisant les arrangemens de manière a ce que la température de l'eau dans le récipient soit toujours, au commencement d'une expérience, un certain nombre de degrés du thermomètre (5 par exemple) au-dessous de la température de l'air, et en mettant fin à l'expérience, à l'instant où l'eau dans le récipient aura acquis une température plus élevée que celle de l'air du même nombre de degrés, le récipient se trouvera *chauffé* par l'air pendant la moitié de la durée de l'expérience, et *refroidi* pendant l'autre moitié de ce temps; les effets calorifique et frigorifique de l'air sur l'appareil, seront contre-balancés de manière à ne produire aucun effet sensible sur les résultats de l'expérience, et par conséquent de manière à n'exiger aucune correction.

Lorsqu'il s'agit d'expériences faites pour éclaircir

les phénomènes de la nature, il est toujours plus satisfaisant d'éviter les erreurs ou de les compenser, que de se fier aux calculs pour apprécier leurs effets.

Comme la loi de la variation de la chaleur spécifique de l'eau à différentes températures n'est pas connue, et comme on ne connoît qu'imparfaitement la véritable mesure des intervalles de température qui sont marquées par les divisions de nos thermomètres; pour prévenir les effets de notre incertitude, à cet égard, sur les résultats de la recherche en question, j'ai eu soin de faire mes expériences dans une chambre où la température varioit très-peu, et de les borner à une élévation de la température de l'eau dans le récipient d'un petit nombre de degrés. Il est vrai que j'ai fait quelques expériences dans une chambre où l'air se trouvoit beaucoup plus froid, et où j'ai employé de la glace au lieu d'eau pour remplir le récipient; mais ces expériences avoient un but particulier, et elles ne sont point rangées avec les autres. D'ailleurs, elles n'ont jamais donné des résultats aussi constans ni aussi satisfaisans que ceux des expériences faites dans d'autres circonstances.

Pour donner une idée de la confiance qu'on peut avoir dans les résultats des expériences faites avec le nouvel appareil que je viens de décrire, je placerai ici les détails d'une expérience particulière faite dans la vue de découvrir la mesure de sa perfection.

Ayant rempli deux récipiens, convenablement attachés l'un à l'autre, avec de l'eau à la température de l'air de la chambre, celle de 55°. F., j'ai fait brûler une bougie, sous la bouche du récipient principal, de manière que tous les produits de la combustion ont passé à travers le serpentin du récipient secondaire, après avoir traversé celui du récipient principal.

Chacun des récipiens contenoit 2371 gram. d'eau.

Voici les résultats de cette expérience :

TEMPS de L'OBSERVATION.			TEMPÉRATURE de l'eau dans le Récipient principal.	TEMPÉRATURE de l'eau dans le Récipient secondaire.
heures.	minutes.	secondes.		
à 9	37	»	55.°F.	55.°F.
»	49	42	65.°	55.°
»	56	15	70.°	55.°
à 10	2	52	75.°	$55\frac{1}{8}$°
»	9	32	80.°	$55\frac{3}{8}$°
»	16	34	85.°	$55\frac{5}{8}$°
»	23	54	90.°	$55\frac{3}{4}$°
»	27	»	»	56.°
»	31	40	95.°	$56\frac{1}{8}$°
»	39	35	100.°	$56\frac{3}{8}$°
»	47	40	105.°	$56\frac{3}{4}$°

Il paroît, par les résultats de cette expérience, que l'eau dans le récipient secondaire n'a commencé à être sensiblement chauffée qu'après que celle dans le récipient principal avoit été déjà chauffée de 15 deg. à 20 deg.; et comme je m'étois proposé, dès le commencement de ce travail, de ne jamais continuer une expérience qu'aussi long-temps qu'il seroit nécessaire pour élever la température de l'eau dans le récipient principal de 10 deg. à 12 deg. F., on conçoit qu'aussitôt que j'eus appris par cette expérience combien peu de chaleur reste dans les produits de la combustion, après qu'ils ont traversé le serpentin du récipient principal, j'ai renoncé au projet que j'avois au commencement de travailler avec les deux récipiens réunis ensemble. Comme il étoit évident, par les résultats de cette expérience, que le second récipient ne pouvoit jamais être sensiblement affecté ni rien indiquer, hormis la confiance que je devois avoir dans les indications de la première, j'ai pris le parti de m'en débarrasser.

On verra, par la description que je viens de donner de cet appareil, qu'on peut s'en servir très-commodément pour déterminer la chaleur spécifique des gaz, ainsi que celle qui se manifeste dans la condensation des vapeurs, et généralement dans toutes les recherches où il s'agit de mesurer la quantité de chaleur communiquée par un fluide élastique quelconque dans son refroidissement; et comme il seroit très-facile, par des moyens fort simples, de séparer complètement les produits des vapeurs condensées dans le serpentin, et des gaz qui le traversent sans y être condensés; je ne puis pas m'empêcher d'espérer que cet appareil deviendra utile comme instrument à employer dans les analyses chimiques : cela ne sera d'ailleurs qu'une extension de la méthode déjà employée avec tant de succès, par M. de Saussure et par MM. Gay-Lussac et Thénard.

Aussitôt que mon appareil fut achevé, j'ai été très-empressé de voir quelle quantité de chaleur je trouverois dans la combustion de la cire et dans celle de l'huile d'olive, pour pouvoir ensuite comparer les résultats de mes expériences avec ceux des expériences de M. Lavoisier; et comme j'ai la plus parfaite confiance en tout ce que cet excellent homme a publié, je désirois bien sincèrement de trouver dans cette comparaison une preuve de l'exactitude de ma méthode, et en même temps une confirmation des évaluations de M. Lavoisier.

§. Ier.

Chaleur développée dans la combustion de la cire.

L'air de la chambre étant à la température de

61°. F. 2781 grammes d'eau à la température de 66°. F. furent placés dans le récipient du calorimètre (y compris la quantité de ce liquide qui représente la chaleur spécifique de l'instrument), et une bougie allumée ayant été placée convenablement à l'entrée du serpentin, le calorimètre fut chauffé pendant 13 minutes et 26 secondes. Quand le thermomètre eut annoncé que l'eau avoit acquis la température de 66°. F., la bougie fut éteinte.

Comme j'avois eu soin de peser la bougie avant de l'allumer, en la pesant de nouveau à la fin de l'expérience, j'ai trouvé que 1,63 gramme de cire avoient été brûlés.

Pour exprimer les résultats de cette expérience d'une manière à les rendre faciles à saisir, et en même temps faciles à comparer avec les résultats d'autres expériences semblables, nous allons voir combien d'eau, à la température de la glace fondante, la chaleur manifestée dans la combustion des 1,63 grammes de cire qui ont été brûlés, auroit pu faire bouillir sous la pression moyenne de l'atmosphère.

L'intervalle sur l'échelle du thermomètre de Fahrenheit, entre la température de la glace fondante et celle de l'eau bouillante, étant de 180 degrés; si, pour élever la température de l'eau dans le calorimètre de 10 degrés, il a fallu brûler 1,63 gr.

de cire, il auroit fallu en brûler 29,34 grammes pour l'élever de 180 degrés; et si 29,34 grammes de cire peuvent fournir assez de chaleur dans leur combustion pour élever la température de 2781 gram. d'eau de 180 degrés; un gramme de cette même substance inflammable doit en fournir assez pour chauffer 94,785 grammes d'eau, le même nombre de degrés.

Par conséquent, une livre de cire blanche ou de bougie qu'on brûle, doit fournir dans sa combustion assez de chaleur pour chauffer 94,785 livres d'eau à la température de la glace fondante, au point de les faire bouillir.

Pour voir combien de livres de glace cette même quantité de chaleur seroit en état de fondre, on n'a qu'à ajouter au nombre de livres d'eau à la température de la glace fondante que cette chaleur est en état de porter à l'ébullition, la troisième partie de ce nombre; et la somme exprimera le poids en livres de cette quantité de glace. (*)

C'est donc pour la cire blanche — 94,785
+ 31,595
= 126,380 liv. de

(*) Il est connu que la même quantité de chaleur qui est nécessaire pour fondre 1 livre de glace, suffiroit pour chauffer et faire bouillir trois-quarts de livre d'eau à la température de la glace fondante.

glace fondue, pour une livre de cette substance brûlée.

Avant de comparer le résultat de cette expérience avec celui d'une expérience faite avec la même substance, par M. Lavoisier, je rendrai compte de deux autres expériences faites par moi, avec de la cire, et on sera frappé sans doute de l'uniformité de leurs résultats. Elle est tellement remarquable, que j'oserois à peine les publier, si je n'avois pas la preuve que toutes mes expériences ont été réellement faites et enregistrées avant d'avoir commencé aucun calcul sur leurs résultats, et si je n'étois pas certain que ceux qui veulent bien adopter ma méthode, en se servant du même appareil, auront les mêmes résultats, en répétant mes expériences.

Comme la manière d'opérer en faisant ces expériences doit être bien connue maintenant, je puis, sans inconvénient, supprimer les détails dans la suite, et ne donner que les résultats des expériences.

Je commencerai par trois expériences faites avec de la cire blanche; et pour les rendre plus faciles à comparer, je les présenterai ensemble dans une table.

Expériences faites avec de la cire blanche.

N°. de l'expérience.	Quantité de cire brûlée.	Temps employé dans la combustion.	Quantité d'eau chauffée.	Élévation de sa température.	Température de l'eau.		Température de l'air.	Résultats	
					au commen. de l'expérien.	à la fin de l'expérience.		livres d'eau chauf. 180°. F.	livres de glace fondues
	gram.	m. sec.	gram					liv.	liv.
1	1.63	13.24	2781	10°. F.	56°.	66°.	61°.	94.765	126.38
2	2.36	19.30	»	14 ½°.	51°.	65 ½°.	58°.	94.926	126.608
3	2,17	18.15	»	13 ¼°.	51 ¾°.	65°.	58°.	94.337	125.783

Si nous prenons le terme moyeu entre les résultats de ces trois expériences, nous verrons que la quantité de la chaleur développée dans la combustion de la circ, est telle qu'une livre de cette substance suffit pour chauffer et faire bouillir 94,682 liv. d'eau à la température de la glace fondante; par conséquent, une livre de cire doit suffire, étant brûlée, pour fondre 126,242 livres de glace.

D'après les expériences de M. Lavoisier, la chaleur développée dans la combustiou d'une livre de cire blanche, a suffi pour fondre 133,166 livres de glace.

La différence entre les résultats de nos expériences faites avec cette substance, n'est pas très-grande ; et si celles de M. Lavoisier ont été faites dans un temps où la température de l'air étoit de quelques degrés seulement plus élevée que celle de la glace fondante (ce que je ne puis pas savoir), la quantité d'azote qui a dû entrer dans le calorimètre avec l'oxigène employé pour entretenir la combustion, est si grande, que cela suffiroit pour rendre raison de cette différence ; mais la très-grande différence qui se trouve entre les résultats de nos expériences faites avec de l'huile d'olive, prouve que l'un ou l'autre de nos procédés doit être fautif.

§. II.

Chaleur développée dans la combustion de l'huile d'olive.

Le résultat moyen de plusieurs expériences faites avec de l'huile d'olive, m'a donné pour la mesure de la quantité de chaleur développée dans la combustion d'une livre de cette substance, 90,439 livres d'eau chauffée de 180 degrés F. ou 120 livres de glace fondue, négligeant les fractions.

Dans les expériences de M. Lavoisier, il y avoit plus de 148 livres de glace fondue par la chaleur qui a paru résulter de la combustion d'une livre de cette huile. Il est vrai que cet excellent physi-

cien a lui-même regardé ce résultat comme étant trop fort pour pouvoir être expliqué, et il ajoute avec cette modestie qui le rend si intéressant et si respectable : « Nous nous trouverons vraisembla-
» blement obligés de faire des corrections, peut-
» être même assez considérables, à la plupart des
» résultats que je viens d'exposer ; mais je n'ai pas
» cru que ce fût une raison de différer d'en aider
» ceux qui pourront se proposer de travailler sur le
» même objet. »

§. III.

Chaleur développée dans la combustion de l'huile de Colsa épurée, telle qu'on la vend à Paris, pour brûler dans des lampes.

Comme il paroît très-probable que toutes les huiles grasses, parfaitement pures, sont composées des mêmes élémens, j'ai été curieux de voir si l'huile de colsa, épurée avec de l'acide sulphurique, ne donneroit pas plus de chaleur dans sa combustion, que l'huile d'olive n'en donne lorsqu'on la brûle dans son état naturel. Les résultats de trois expériences faites avec l'huile de colsa épurée, m'ont fait voir qu'en effet cette huile donne plus de chaleur dans sa combustion que l'huile d'olive ; la différence est même assez considérable, et plus que je ne l'avois soupçonné.

Ce fut avec la combustion de 1 l. d'huile de colsa épurée. . .	93,073 l. d'eau chauffée 180°.
Et avec la combustion 1 l. d'huile d'olive.	90,439 l.

Les chimistes pourroient nous dire si la quantité de matière *incombustible* que l'on sépare de l'huile de colsa, en l'épurant, suffit ou non pour rendre raison de cette différence.

En comparant les résultats des expériences faites avec de la cire blanche, avec les résultats de celles faites avec de l'huile épurée, il paroît, qu'à poids égaux, ces deux substances fournissent dans leur combustion des quantités de chaleur à peu près égales ; et comme il en doit être ainsi, en effet, d'après les quantités de matière combustible que ces substances contiennent, ce résultat est fait pour donner beaucoup de confiance dans cette méthode de mesurer la chaleur qui est développée dans la combustion.

Ce fut, avec la combustion de 1 liv. de cire blanche, 94,632 l. d'eau chauffée 100 degrés,

Et de 1 l. d'huile épurée, 93,073 l. d'eau chauffée 180 degrés.

Comme l'objet que j'ai eu principalement en vue

dans cette suite d'expériences, a été de déterminer les quantés de chaleur qui sont dévoloppées dans la combustion de l'*hydrogène* et du *carbone* purs, afin de rendre cette nouvelle méthode utile dans les ànalyses chimiques, je me suis attaché particulièrement aux substances inflammables qui ont été analysées avec le plus de soin.

§. IV.

Estimation des quantités chaleur développées dans la combustion du GAZ HYDROGÈNE *et du* CARBONE.

Plusieurs tentatives ont été faites pour déterminer ces intéressantes questions, par des expériences directes, en faisant brûler de *l'hydrogène pur*, ou le gaz hydrogène, et du *charbon pur*; mais les résultats de ces recherches ont été tellement variables, que l'on ne peut pas s'y fier.

D'après CRAWFORD, la chaleur développée dans la combustion de 1 l. de gaz hydrogène, suffit pour élever la température de 410 l. d'eau de 180 degrés F.; mais l'estimation de M. LAVOISIER est beaucoup plus basse; selon lui, cette chaleur ne pourroit chauffer que 221,69 l. d'eau à ce nombre de degrés.

En revanche M. LAVOISIER estime la quantité de chaleur développée dans la combustion du charbon, plus haute que M. Crawford. J'ai beaucoup de raisons pour croire que l'un et l'autre l'estiment trop haut; et si cette opinion se confirme, nous serons obligés d'estimer la chaleur développée dans la combustion de l'hydrogène, encore un peu plus haut que Crawford ne l'a estimée, pour pouvoir rendre raison de celle qui s'est manifestée dans mes expériences.

D'après les résultats de plusieurs expériences que je fis il y a cinq ans, il m'a paru que la chaleur développée dans la combussion de 1 l. de charbon, séché autant que possible avant que d'être pesé, en le faisant rougir dans un creuset, n'étoit pas en état de chauffer plus de 52 à 54 l. d'eau à la température de la glace fondante, au point de les faire bouillir.

D'après Crawford cette chaleur doit suffire pour en faire bouillir 57,606 l., et d'après M. Lavoisier 72,475 l.

Nous allons voir comment ces estimations s'accordent avec les résultats de mes expériences.

Comme les expériences faites avec *de la cire*, ont donné des résultats très-uniformes, et comme l'analyse de cette substance a été faite avec beaucoup de soin, je vais voir comment les quantités d'hydrogène et de carbone qui se trouvent dans cette substance, s'accordent avec la quantité de chaleur qu'elle m'a fournie dans sa combustion.

D'après l'analyse de MM. Gay-Lussac et Thénard, une livre de cette substance contient :

De carbone............. 0,8179 liv.

Et d'hydrogène libre... 0,1191 liv.

Si nous adoptons les évaluations de M. Crawford, et pour la chaleur fournie par l'hydrogène, et pour celle fournie par le carbone, nous aurons :

	Livres d'eau à la glace, portée à l'ébullition.
Pour la chaleur qui doit être fournie par 0,8179 liv. de carbone, à raison de 57,606 liv. d'eau à la glace portée à l'ébullition, par livre de carbone brulé.	47,116 liv.
Pour la chaleur qui doit être fournie dans la combustion de 0,1191 liv. d'hydrogène, à raison de 410 liv. d'eau à la glace, portée à l'ébullition, par l. d'hydrogène brûlé.	48,831
Chaleur totale que doivent fournir les quantités de matières combustibles, (carbone et hydrogène) qui se trouvent dans une livre de cire blanche. . . .	95,947

Quantité de chaleur fournie par une liv. de cire blanche dans sa combustion, d'après mes expériences	94,662

Si nous adoptons les évaluations de M. Lavoisier, pour la chaleur fournie par le carbone et l'hydrogène dans leur combustion, nous aurons :

Pour la chaleur qui doit être fournie par 0,8179 l. de carbone à raison de 72,375 liv. d'eau, chauffée 180°. par livre.	59,059
Pour celle qui doit être fournie par 0,1191 liv. d'hydrogène, à raison de 221,64 liv. d'eau, chauffée 180°. par livre.	26,403
Chaleur totale que doivent fournir les matières combustibles qui se trouvent dans une l. de cire blanche.	85,462

Des résultats de ces calculs, on voit que les estimations de M. Crawford s'accordent beaucoup mieux avec mes expériences, que les estimations de M. Lavoisier.

Voyons comment les résultats des expériences faites avec les huiles grasses, s'accordent avec les estimations de MM. Lavoisier et Crawford.

D'après l'analyse de MM. Gay-Lussac et Thénard, une liv. d'huile d'olive doit contenir :

De carbone............. 0,7721 liv.
Et d'hydrogène libre..... 0,1208

Selon l'évaluation de M. Lavoisier,

	Livres d'eau chauffée 180 degrés
C'est pour 0,7721 l. de carbone...	55,881
Et pour... 0,1208 l. d'hydrogène ..	26,78
Total ..	82,661

Et d'après les évaluations de M. Crawford,

	Livres d'eau chauffée 180 degrés
C'est pour les 0,7721 liv. carbone...	44,478 l.
Et pour les 0,1208 liv. d'hydrogène ..	49,528
Total...	94,006

Selon mes expériences, une liv. d'huile épurée de Colsa, a fourni assez de chaleur pour chauffer 93,073 l. d'eau à 180 degrés, et une l. d'huile d'olive, assez pour chauffer 90,439 liv. de même eau.

Il résulte de toutes ces comparaisons, que les évaluations de M. Crawford s'accordent beaucoup mieux avec les résultats de mes expériences que celles de M. Lavoisier.

§. V.

*Chaleur développée dans la combustion de l'*ESPRIT DE VIN *à brûler et de l'*ALKOOL.

Comme les parties constituantes de ces liquides inflammables peuvent être regardées comme bien déterminées, par les résultats du beau travail de M. de Saussure ; j'ai entrepris pour la seconde fois de les examiner, dans la vue de découvrir quelles sont les quantités de chaleur qui sont développées dans leur combustion. J'avois commencé ce travail il y a cinq ans ; mais, après avoir fait un nombre considérable d'expériences, je l'ai abandonné à cause des grandes difficultés que j'ai rencontrées ; mais aussitôt que j'ai trouvé les moyens de rendre mon appareil plus parfait, j'ai formé le projet les recommencer.

Avant que de donner les détails de mes expériences, je dois dire quelques mots sur les difficultés que j'ai trouvées dans cette entreprise, même depuis que je possède mon nouvel appareil, et sur les moyens dont je me suis servi pour les surmonter. Il y a même des dangers auxquels je me suis trouvé exposé, dont il est nécessaire que je parle, pour avertir ceux qui voudroient s'occuper de cette recherche.

Lorsque j'ai fait des expériences avec de l'Alkool très-rectifié, et surtout avec de l'Éther, j'ai trouvé très-difficile d'empêcher qu'une partie notable de ces liquides volatils, n'échappât en vapeur de la masse du liquide qui restoit dans la lampe. J'ai fait construire une petite lampe dans la forme d'une petite tabatière ronde, avec un bec qui se lève du centre du plateau circulaire qui la ferme en haut; et sur ce plateau, j'ai établi une petite cuvette pour contenir de l'eau froide destinée à réfroidir le bec, et à empêcher la chaleur de descendre jusques dans le corps de la lampe: mais cette précaution n'a pas suffi lorsque j'ai brulé de l'Ether, comme je l'ai appris à mes dépens. Quoique la cuvette eût un diamètre deux fois plus grand que celui de la lampe, et qu'elle fût remplie d'eau très-froide, cet eau a été tellement chauffée en peu de minutes, qu'il y eut une explosion d'éther en vapeur, qui s'est allumée dans l'air, et qui a brulé avec une flamme qui a monté jusqu'au plafond; elle a même failli mettre le feu à la maison.

Averti par cet accident, je fis construire une nouvelle lampe, beaucoup plus petite que la première; elle n'avoit qu'un pouce de diamètre, et trois quarts de pouce de profondeur, et son bec, qui n'avoit que 2 lignes de diamètre, avoit trois quarts de pouce de hauteur. Pour tenir cette petite lampe froide, pendant le temps qu'elle brûloit, elle fut placée dans une petite cuvette, et tenue constamment submergée jusqu'à la distance de trois lignes au-dessous de l'extrémité supérieure de son bec, dans un mélange d'eau et de glace pilée. Ces précautions ont suffi pour empêcher les explosions, mais elles n'ont empêché l'évaporation ni de l'éther ni de l'alkool. J'ai appris ce fait en observant que toutes les fois que j'ai fait deux expériences consécutives, sans remplir la lampe de nouveau, l'alkool a constamment paru plus foible dans la seconde expérience que dans la première.

La cause de ce phénomène n'étoit pas difficile à découvrir. Les parties les plus volatiles, et par conséquent les plus combustibles de ce liquide, s'étant répandues en vapeurs dans l'intérieur de la lampe, ont trouvé moyen d'échapper par le bec, avec la partie du liquide qui avoit traversé la mèche, laissant l'alkool qui restoit dans la lampe sensiblement affoibli.

Pour remédier à cette imperfection, j'ai fait construire uue troisième lampe, qui est devant les yeux de la classe. Elle est construite en cuivre rouge, et elle a la forme d'un petit vase cylindrique d'un pouce et demi de diamètre et trois quarts de pouce de hauteur, bombée un peu en haut et fermée hermétiquement par un bouchon de cuivre, qui, étant usé à l'émeri, entre à frottement dans le goulot du vase.

Ce bouchon est percé dans son axe d'un petit trou vertical qui est fermé tout à fait ou ouvert un peu, selon le besoin, par le moyen d'une petite vis portant un collier de cuivre.

Un petit tuyau d'environ une ligne et demie de diamètre et de 2 pouces 6 lignes de longueur, sort horizontalement de la paroi verticale de ce vase, et très-près de son fond. A la distance d'un pouce 4 lignes du vase, ce tuyau fait un coude à angle droit; et montant ensuite verticalement, il forme le bec de la lampe.

Ce petit tuyau est très-mince partout, excepté à son extrémité supérieure où son épaisseur a été renforcée, afin de pouvoir lui donner une forme convenable pour recevoir à frottement un très-petit éteignoir cylindrique de 5 lignes de hauteur sur 3 lignes et demie de diamètre, destiné à fermer hermétiquement le bec, sans toucher ni déranger la mèche, à l'instant que la lampe cesse de brûler, et à le tenir constamment fermé lorsque la lampe n'est pas allumée.

Sans cette précaution, dans des expériences faites avec de l'éther, une si grande quantité de ce liquide volatil échapperoit en vapeur, par le bec de la lampe, pendant le temps que l'on seroit occupé à la peser, qu'il n'y auroit pas moyen de déterminer la quantité brûlée.

Pour soutenir le bec de la lampe, il est étayé par deux morceaux de fil de cuivre qui vont horizontalement joindre le corps de la lampe auquel ils sont soudés.

Pour tenir cette lampe constamment froide, ainsi que le liquide qu'elle contient, elle est placée dans une petite cuvette, et couverte entièrement, excepté l'extrémité de son bec, et celle de son goulot, par un mélange de glace pilée et d'eau.

Lorsqu'on pèse la lampe, on la fait sortir de sa cuvette, et on a toujours soin de la bien essuyer avec du linge sec, avant de la mettre dans la balance.

Lorsqu'on allume cette lampe, il ne faut pas oublier d'ouvrir un peu, mais *très-peu*, la vis qui ferme son bouchon, après qu'elle aura brûlé deux ou trois minutes ; car sans cette précaution elle pourroit s'éteindre.

Comme le petit tuyau horizontal par lequel le liquide qui est brûlé passe du réservoir de cette lampe pour arriver dans son bec, se trouve toujours rempli du liquide de manière à n'avoir aucune communication avec la vapeur du liquide qui se répand dans la partie supérieure du réservoir, cette vapeur ne peut plus échapper par le bec de la lampe, comme elle faisoit avant que j'eusse l'idée d'employer ce moyen pour l'empêcher.

Si j'ai donné une description très-détaillée de cette lampe, je l'ai cru nécessaire pour épargner à ceux qui voudront répéter mes expériences, ou en faire d'autres semblables, toutes les difficultés que j'ai eues à surmonter, avant que de trouver les moyens de gouverner la combustion des liquides inflammables qui sont très-volatils.

Comme on connoît maintenant les appareils que j'ai employés dans mes expériences, il sera très-facile de suivre leurs détails et d'apprécier leurs résultats. Je tâcherai de les décrire avec clarté, mais aussi rapidement que possible.

Ayant fait une provision d'esprit de vin à brûler, du commerce, et d'alkool de différens degrés de pureté, j'ai déterminé avec le plus grand soin leur gravité spécifique à la température de 60°. F, prenant celle de l'eau à cette même température = 1000000. J'ai choisi cette température afin de pouvoir déterminer ensuite avec plus de facilité les quantités d'eau que chacun de ces liquides doit contenir, selon les tables qui ont été faites, d'après les résultats des expériences de M. Lowitz.

Par la table suivante, on verra la gravité spécifique de chacun de ces liquides, et la quantité d'alkool pur de Lowitz, et d'eau qu'il contient.

ESPÈCE de liquide.	GRAVITÉ spécifique à 60 . F.	COMPOSITION d'alkool pur de Lowitz.	d'eau.
Alkool de 42ᵈ.........	817624	0.9719	0.0821
Alkool du commerce...	847140	0.8057	0.1943
Esprit-de-Vin de 33°..	853240	0.7783	0.2212

Voici les résultats des expériences qui ont été faites pour déterminer les quantités de chaleur que ces liquides fournissent dans leur combustion.

Dans trois expériences faites avec l'esprit de vin, les quantités de chaleur manifestées furent,

Dans la première 53,260 l. d'eau à la température de la glace fondante, portées à l'ébullition.

Dans la seconde 51,727 l.

Et dans la troisème 52,855 l.

Résultat moyen. . 52,614 l.

Comme 1 liv. de ce liquide ne contient que 0,7788 l. d'alkool regardé comme pur par Lowitz, les autres parties = 0,2212 l. n'étant que de l'eau qui ne brûle pas; pour voir combien d'eau à la *température de la glace fondante*, seroit porté à l'ébullition par 1 liv. de l'alkool pur de Lowitz, nous n'avons qu'à diviser la quantité qui est la mesure de la chaleur moyenne développée dans les expériences avec de l'esprit de vin, par la fraction qui exprime la quantité de cet alkool qui se trouve dans 1 liv. de ce liquide, c'est donc $\frac{52.614}{0.7788}$ = 67,558 liv. qui est la mesure de la chaleur développée dans la combustion d'une liv. de l'*alkool pur de Lowitz*, d'après le résultat moyen des expériences faites avec de l'esprit de vin.

Dans deux expériences faites avec de l'alkool du commerce, j'ai eu pour résultat moyen 54,218 l. d'eau à la température de la glace portée à l'ébullition; et comme cet alkool contenoit 0,8057 liv. d'alkool pur, cela donne pour la mesure de la chaleur développée dans la combustion de 1 liv. de l'alkool pur de Lowitz $\frac{54.218}{0.8057}$ = 67,293 liv. d'eau chauffée 180 degrés F. (= 100 degrés centigrades.)

Dans trois expériences faites avec de l'alkool de 42°. qui avoit une gravité spécifique = 817624, j'ai eu pour résultat moyen 61,952 liv. d'eau chauffées de 180 degrés F., avec la chaleur développée dans la combustion de 1 liv. de ce liquide.

D'après ce résultat, 1 liv. de l'alkool pur de Lowitz, doit fournir assez de chaleur dans sa combustion pour chauffer 67,57 liv. d'eau au point d'élever sa température de 180°. F, car c'est $\frac{61,952}{0,9179}$ = 67,101.

En prenant le moyen entre les résultats des huit expériences qui ont été faites avec ces trois liquides alkooliques, nous aurons pour la mesure de la chaleur développée dans la combustion de 1 liv. de l'alkool pur de Lowitz, 67,317 liv. d'eau à la température de la glace fondante portée à l'ébullition.

Il sera très-intéressant sans doute de savoir si cette quantité de chaleur s'accorde avec les quantités des matières combustibles (le carbone et l'hydrogène) qui se trouvent dans cet alkool ; c'est ce que nous allons voir.

D'après l'analyse de M. de Saussure, 1 liv. de l'alkool de Lowitz, contient,

De carbone.	0,4282 liv.
D'hydrogène libre.	0,1018
Et d'eau.	0,4700
	1.

Or, d'après les estimations de Crawford, nous aurons,

	Livres d'eau chauffées à 180 degrés F.
Pour la mesure de la chaleur développée dans la combustion de 0,4282 liv. de carbone. . .	24,667 liv.
Et pour la mesure de celle fournie dans la combustion de 0,1018 liv. d'hydrogène. . . .	41,738 liv.
Total.	66,405 liv.
Les expériences nous ont donné	67,317 liv.

Il est rare, dans une recherche aussi délicate, de trouver un accord aussi parfait entre les résultats des expériences et ceux du calcul (1).

§. VI.

*Chaleur développée dans la combustion de l'*ÉTHER SULPHURIQUE.

J'ai déjà rendu compte des difficultés que j'avois à vaincre avant que de pouvoir venir à bout de gouverner la combustion de cette substance de manière à rendre les résultats de mes expériences réguliers et satisfaisans; mais j'ai rencontré encore d'autres difficultés dans le cours de cette recherche délicate.

(1) La partie précédente de ce mémoire a été lue à la séance de la première classe de l'Institut, du 24 février 1812.

Comme l'alkool est nécessairement employé pour faire de l'éther sulphurique, et comme ces deux liquides peuvent s'unir dans toutes les proportions; il est extrêmement difficile, sinon impossible, de les séparer entièrement; et comme ils sont l'un et l'autre, sans couleur, et aussi limpides étant mêlés, que séparés; on ne peut guère juger du degré de pureté de l'éther que par sa gravité spécifique, et même de cette manière, que très-imparfaitement.

L'éther sulphurique le plus rectifié que j'aie pu me procurer, et que j'aie employé dans mes expériences, fut préparé dans le laboratoire de M. Vauquelin. Sa gravité spécifique est de 72834 à la température de 16°. R. Comme celui que M. de Saussure a employé dans son analyse, n'avoit que la gravité spécifique 717 à cette même température; en regardant l'éther que j'ai employé comme étant un mélange d'éther du même degré de pureté que celui de M. Saussure, et de l'alkool pur de Lowitz, ayant une gravité spécifique de 792, nous trouverons, en faisant le calcul, que l'éther que j'ai employé, étoit un mélange de 85 parties d'éther de la gravité spécifique de 717, et de 15 parties de l'alkool pur de Lowitz, de la gravité spécifique de 792.

En brûlant ce mélange sous mon calorimètre, après avoir porté l'appareil à son dernier degré de perfection, j'ai eu les résultats suivans.

Durée de l'expérience.	Éther brûlé.	Quantité d'eau chauffée.	Température de l'eau dans le calorimètre au commencement.	à la fin de l'expérience.	Élévation de la température du calorimètre.	Température de l'air.	RÉSULTAT. Quantité d'eau chauffée 180. deg. F. avec la chaleur développée dans la combustion de 1 L. du combustible.
mi. sec.	grain.	gram.					
11.	1.96	2781	55 $\frac{1}{2}$°.	65 $\frac{5}{8}$°.	10 $\frac{1}{8}$°.	60°.	79.996
11.15	2.01	«	54 $\frac{1}{4}$°.	64 $\frac{5}{8}$°.	10 $\frac{3}{8}$°.	60°.	80.710
9.	2.	«	58 $\frac{3}{4}$°.	69 $\frac{3}{8}$°.	10 $\frac{5}{8}$°.	60°.	80.146
29.	3.29	«	56 $\frac{1}{4}$°.	73 $\frac{1}{4}$°.	17°.	61°.	79.884
22.	3.06	«	56 $\frac{1}{4}$°.	72 $\frac{1}{4}$°.	16°.	64°. $\frac{1}{2}$	80.784
Résultat moyen des 5 expériences........							80.304

Continuant de nous servir de l'estimation de CRAWFORD, pour les quantités de chaleur développées dans la combustion de l'hydrogène et du carbone, nous allons voir si ces estimations suffisent pour rendre raison de la chaleur manifestée dans ces cinq expériences.

Comme l'éther employé étoit un mélange de 15 parties d'alkool pur de Lowitz, et de 85 parties d'éther de la gravité spécifique de 717 à la température de 16°. R, et par conséquent semblable à l'éther analysé par M. de Saussure, nous commencerons par déterminer la quantité de chaleur qui a dû être développée dans la combustion de ces 15 parties d'alkool.

Comme M. de Saussure nous a fait voir que dans une livre d'alkool de Lowitz (de la gravité spécifique de 792), il se trouve 0,4282 liv. de carbone, et 0,1018 liv. d'hydrogène libre, on doit trouver dans 0,15 liv. de ce même liquide, 0,06423 liv. de carbone, et 0,01527 liv. d'hydrogène libre.

D'après les estimations de Crawford, 0,06423 liv. de carbone doit fournir assez de chaleur dans sa combustion pour élever de 180 degrés F. la température de 3,7002 liv. d'eau, et 0,01527 l. d'hydrogène doit en fournir assez pour élever du même nombre de degrés la température de 6,2607 liv. d'eau; et ces deux quantités d'eau faisant ensemble 9,9609 liv., est la mesure de la quantité de chaleur qui a dû être developpée dans la combustion des 15 parties d'alkool qui se sont trouvées mêlées avec 85 parties d'ether, pour former le liquide combustible employé sous le nom d'ether sulfurique dans mes expériences.

Or, comme une livre de ce liquide mélangé a fourni dans sa combustion assez de chaleur pour élever de 180 degrés F. la température de 80,304 l. d'eau; si nous retranchons de cette masse la quantité d'eau que les 15 pour 100 d'alkool ont du chauffer (= 9,909), ce qui restera (= 70,3431 liv. d'eau) sera la mesure de la quantité de chaleur développée dans la combustion des 85 pour 100 d'ether, de la gravité de 717, qui se sont trouvés dans ce liquide combustible.

D'après l'analyse de l'ether sulfurique faite par M. de Saussure, on doit trouver dans une livre de ce liquide (de la gravité spécifique de 717),

De carbone..........................	0,590 liv.
D'hydrogène libre et combustible...	0,194
Et d'oxygène et d'hydrogène, dans les proportions nécessaires pour former de l'eau................................	0,216
	1.

Par conséquent, on devroit trouver dans 0,85 l. de cette même espèce d'ether, les quantités suivantes de matières combustibles, savoir :

De carbone..........................	0,5015 liv.
Et d'hydrogène libre et combustible.	0,1651

Voyons maintenant si ces quantités de matières combustibles suffisent pour rendre raison de la chaleur qui s'est manifestée dans nos expériences.

Les 0,5015 liv. de carbone auroient dû fournir assez de chaleur pour chauffer 28,89 l. d'eau de 180 degrés F, et les 0,1651 l. d'hydrogène assez pour en chauffer 67,64 liv., le même nombre de degrés.

Ces deux masses d'eau font ensemble 96,53 liv.; mais nous venons de voir que la quantité de chaleur fournie par les 85 parties d'ether dans les expériences, n'a pas pu être plus grande que celle nécessaire pour chauffer 70,3431 liv. d'eau de 180 degrés F.

Comme les expériences ont été faites avec le plus grand soin, et souvent répétées, et toujours avec des résultats très-uniformes, et comme les estimations que nous avons adoptées, par rapport aux quantités de chaleur qui sont développées dans la combustion de l'hydrogène et dans celle du carbone, ont été confirmées de manière à laisser peu de doute à ce sujet; en cherchant la cause de la grande différence entre la quantité de chaleur actuellement développée dans la combustion des 85 parties d'éther sulfurique brûlées dans les expériences que nous venons d'examiner, et la quantité que le calcul donne; on est forcé, ce me semble, de soupçonner qu'il y a eu erreur dans l'analyse de ce liquide, et qu'il ne contient pas autant de matière combustible libre et inflammable, que M. de Saussure lui en donne.

Comme il me paroît beaucoup plus probable qu'une erreur soit commise en déterminant la quantité d'hydrogène libre dans cette substance, qu'en déterminant la quantité de carbone qui s'y trouve, je supposerai, avec M. de Saussure, qu'il se trouve réellement dans une livre d'éther sulfurique (de la gravité spécifique de 717) 0,59 de carbone ; mais au lieu d'estimer la quantité d'hydrogène libre dans ce liquide, d'après les résultats de M. de Saussure, j'adopterai l'estimation de M. Cruickshanks.

Cet habile chimiste a conclu, d'après les résultats de ses recherches, que dans la vapeur de l'éther sulfurique le carbone est à l'hydrogène comme 5 à 1.

Dans les 0,85 liv. d'éther sulfurique (de la gravité spécifique de 717) qui étoient mêlés avec les 0,15 liv. d'alkool, pour former une livre du liquide mélangé employé dans mes expériences, il y avoit 0,5015 liv. de carbone ; et divisant ce nombre par 5, nous verrons que ce carbone doit être uni avec 0,1003 liv. d'hydrogène libre, au lieu d'être uni avec 0,1651 liv., comme nous venons de supposer, d'après M. de Saussure.

Voyons, maintenant, si en adoptant l'analyse de M. Cruickshanks, pour l'hydrogène, au lieu de celle de M. de Saussure, le calcul s'accordera mieux avec l'expérience.

Nous avons vu que la quantité d'eau, chauffée de 180 degrés F., qui représente la quantité de chaleur qui a dû être développée dans la combustion des 0.15 liv. d'alkool étoit de. . 9,9609 l.

Et que la quantité répondant à 0,5015 liv. de carbone, qui s'est trouvé dans les 0,85 d'éther, étoit. 28,89

Nous allons actuellement ajouter celle qui répond à la combustion de 0,1003 liv. d'hydrogène libre et combustible, qui, selon M. Cruicksthanks, doivent se trouver unis à cette quantité de carbone, pour former l'Éther. 41,123

Ces trois quantités d'eau ensemble, sont la mesure de la chaleur qui doit être développée dans la combustion d'une livre de l'éther sulfurique de l'espèce employée dans mes expériences. 79,9739

Le résultat moyen de cinq expériences a été 80,304

Cet accord, entre le résultat du calcul et celui de l'expérience, est sans-doute trop remarquable pour ne pas être soupçonné d'avoir été dû, en partie du moins, au hasard; mais je puis assurer qu'il m'est venu naturellement, sans avoir été ni prévu, ni préparé.

D'après tous ces résultats, on peut conclure qu'une liv. d'éther sulfurique de la gravité spécifique 717 à la température de 16°. R, ou de la même espèce que celle employée par M. de Saussure, ce liquide auroit fourni dans la combustion assez de chaleur pour chauffer de 180 degrés F. 82,369 l. d'eau, savoir :

Celle fournie par.. 0,59 l. carbone 33,989 l.

Et celle fournie par 0,118 l. d'hydrogène 48,386

82,369

Si la proportion d'hydrogène libre, dans l'éther analysé par M. de Saussure, étoit réellement telle qu'il l'a déterminée, une liv. de ce liquide devroit fournir assez de chaleur dans sa combustion pour chauffer 180 degrés F. 113,566 l. d'eau, savoir :

Celle fournie par 0,59 l. de carbonne 33,989 l.

Et celle fournie par 0,194091 d'hydrogène 79,577

113,566

Mais je puis d'autant moins me persuader que ce liquide puisse fournir, dans sa combustion, tant de chaleur, qu'une livre de cire blanche ne m'en a pas fourni plus que pour chauffer 94,682 liv. d'eau le même nombre de degrés.

D'après l'analyse de M. de Saussure, 100 parties d'éther sulfurique de la gravité spécifique de 717 à 16°. R. de température, sont composées,

De carbone. . . .	59 parties.
D'hydrogène . . .	22
D'oxygène	19
	100

En supposant que les 19 parties d'oxygène soient combinées avec 3,6 parties d'hydrogène de manière à former avec elles 21,6 parties d'eau, 100 parties de cette espèce d'éther doivent être composées,

De carbone.	59 parties.
D'hydrogène libre et combustible.	19,4
Par conséquent, de substances inflammables.	78,4
Et d'eau.	21,6
	100

D'après les résultats de mes expériences, 100 parties de cette espèce d'éther doivent être composées,

De carbone . . . . 59 parties,
D'hydrogène libre ou combustible. 11,8

Par conséquent, de substances combustibles. 70,8

Et, d'eau. 29,2

100

Ou, réduisant l'eau à ses élémens,

De carbone . . . . 59 parties.

D'hydrogène } libre ou combustible 11,8 ; non-combustible . . . 3,5 — 15,3

Et oxygène. 25,7

100

D'après l'analyse de M. de Saussure, ainsi que d'après les résultats de mes expériences, 100 part. d'alkool pur de Lowitz, ayant la gravité spécifique de 792, à la température de 16° R. sont composées:

De carbone. 42,82

D'hydrogène libre ou combustible. 10,18

Par conséquent de substances combustib. 53.

Et d'eau . . . . 47.

100.

Ou, réduisant l'eau à ses élémens, 100 parties de cet alkool sont composées,

de carbone.			42,82
d'hydrogène	combiné et non-combustible	5,64	15,82
	combustible	10,18	
et d'oxygène.			41,36
			100

En supposant que l'eau existe complètement formée, et dans l'alkool et dans l'éther, les parties constituantes de ces deux liquides seroient, selon les résultats de nos recherches :

	l'alkool.	l'éther.
De carbone	42,82	59
D'hydrogène combustible	10,18	11,8
D'eau	47,	29,2
	100	100

Les élémens de l'eau existent très-certainement et dans l'alkool et dans l'éther ; mais il y a beaucoup de raison pour croire que l'eau n'existe pas dans son état naturel de condensation dans ces deux substances, ni lorsqu'elles sont dans un état de liquidité, ni lors qu'étant suffisamment chauffées, elles sont transformées en fluides élastiques.

Lorsqu'on mêle de l'eau avec de l'alkool, il y a un changement considérable de volume et de température, ce qui indique un arrangement nouveau d'élémens, ou une action chimique ; et ce qui prouve d'une manière encore plus démonstrative que cette action a eu lieu, c'est que le liquide qui résulte de ce mélange peut être distillé, c'est-à-dire *vaporisé* par la chaleur, et ensuite *condensé*, sans être décomposé; mais c'est surtout dans le peu de chaleur qui est développée dans la condensation de la vapeur de l'alkool et dans celle de l'éther, qu'on verra des preuves démonstratives que l'oxygène et l'hydrogène qui se trouvent comme élémens dans ces liquides, n'y existent pas dans l'état d'eau: je reviendrai sur ce sujet dans la suite.

§. VII.

De la quantité de chaleur développée dans la combustion du NAPTHE.

Le napthe que j'ai employé dans mes expériences, m'étoit fourni par M. Vauquelin; il avoit été purifié par la distillation; et sa gravité spécifique, à la température de 56°. F., étoit de 82731.

Voici les détails et les résultats de deux expériences faites avec ce liquide, le 29 janvier 1812.

La capacité du calorimètre pour la chaleur, étoit égale à celle de 2781 grammes d'eau.

	Durée de l'expérience.	Quantité de napthe brûlé.	Élévation de la températ. du calorimètre, en deg. F.	RÉSULTAT. Livres d'eau chauffées 180 dégrés avec 1 liv. de cette substance.
	min.			
1re. Expérience......	32	4.45	16 ½	73.881 l.
2e. Expérience......	36	2.77	12 ¼	72.771
Résultat moyen......				73.376

Le napthe fut brûlé dans la même petite lampe que j'avois employée dans mes expériences faites avec l'alkool et l'éther sulphurique; mais comme je n'ai jamais pu réussir à faire brûler le napthe sans fumée, je n'ose pas me fier aux résultats de ces expériences. Peut-être avec du gaz oxygène pur, on pourroit venir à bout de le faire brûler entièrement.

J'ai rencontré la même difficulté en brûlant de l'huile de thérébentine, et de la colophane; et pour cette raison, j'ai cru qu'il seroit inutile de rapporter les détails de mes expériences avec ces deux substances.

§. VIII.

De la quantité de chaleur développée dans la combustion du suif.

M'étant procuré des chandelles de suif de bonne qualité, de celles qu'on appelle de *six à la livre*, j'en ai brûlé une sous le calorimètre, ayant soin de la tenir bien mouchée, afin de la faire brûler sans fumée.

Voici les détails et les résultats de deux expériences faites le même jour (le 16 novembre 1811) avec une de ces chandelles.

La capacité du calorimètre pour la chaleur étoit égale à celle de 2371 grammes d'eau.

	Temps que la chandelle a brûlé sous le calorimètre.	Quantité de suif brûlé.	Élévation de la température de l'eau dans le calorimètre.	RÉSULTAT. Quantité d'eau chauffée 1 80 degrés avec la chaleur développée dans la combustion de 1 l. de suif.
	m. s.	gram.	deg. r.	
1re. Expérience.	16.2	1.6	10 ¼	84.385 l.
2e. Expérience.	16.50	1.7	10 ½	82.991
Résultat moyen........................				83.687 l.
Nous avons vu qu'avec de la cire blanche le résultat étoit........................				94.682
Avec de l'huile de colsa épurée........				95.073
Et avec de l'huile d'olives............				90.439

§. IX.

De la quantité de chaleur qui est développée dans la combustion du CHARBON.

Si l'on pouvoit brûler sous le calorimètre des copeaux de bois réduits en charbon, avec la même facilité que l'on y brûle des copeaux minces de bois sec, la recherche en question ne seroit nullement difficile ; mais le charbon ne se laisse pas brûler de cette manière. On peut bien allumer un copeau de charbon, et si ce copeau est fort mince, il continue de brûler jusqu'à ce qu'il soit entièrement consumé ; mais la combustion est si lente, et fournit si peu de chaleur, qu'il faudroit plusieurs heures pour chauffer le calorimètre assez pour donner un résultat appréciable, et pour cette raison seule, ce résultat ne pourroit être qu'extrêmement incertain.

J'ai cherché long-temps, mais sans succès, pour trouver moyen, en imbibant de minces copeaux de charbon de quelque liquide inflammable, de faire brûler le charbon plus rapidement.

Des copeaux de charbon d'un poids connu, parfaitement séchés, et fortement chauffés, furent plongés dans de la cire blanche, fondue et très-chaude, et les copeaux retirés de ce liquide et refroidis, ont été pesés de nouveau.

Leur augmentation de poids m'a donné la quantité de cire qu'ils avoient imbibée ; et comme je savois au juste combien de chaleur cette quantité de cire auroit donné dans sa combustion, si les copeaux ainsi préparés avoient brûlés convenablement sous le calorimètre, j'aurois sans doute appris combien de chaleur le charbon auroit fourni, mais l'expérience n'a pas réussi.

La cire a brûlé entièrement, et le copeau de charbon a rougi fortement, mais il n'a pas brûlé, du moins pas entièrement, ni d'une manière à me donner le moindre espoir de pouvoir tirer partie de mon expérience, et je n'ai pas mieux réussi en trempant mes copeaux de charbon dans du suif fondu, dans de l'huile, dans de l'alkool, de l'éther sulfurique, du napthe, de l'huile essentielle de thérébentine, dans une solution de gomme arabique, et dans celle du sucre. J'ai essayé aussi la colophane, mais sans plus de succès.

J'ai fait plusieurs expériences pour déterminer directement la quantité de chaleur qui est développée dans la combustion de masses considérables de charbon (de 80 grammes), brûlées dans un petit rechaud, sous un calorimètre de grande dimension, que je fis faire à Paris, il y a quatre ans, et que j'ai encore dans mon laboratoire ; mais les résultats de ces expériences ont été trop variables pour me satisfaire.

Après toutes les peines que je m'étois données, j'ai trouvé que les expériences de Crawford valoient mieux que les miennes ; et comme elles ont annoncé plus de chaleur que je n'en ai pu trouver, je n'ai pas hésité a adopter leurs résultats, au lieu de me fier à ceux de mes propres recherches.

§. X.

Des quantités de chaleur développées dans la combustion des bois.

Dans un mémoire que j'ai eu l'honneur de présenter à la Classe, le 9 septembre de cette année (1812), j'ai rendu compte d'un nombre considérable d'expériences (plus de 50) que j'avois faites pour déterminer les quantités de chaleur qui sont développées dans la combustion de différentes espèces de bois.

Des résultats de ces expériences, il paroît qu'à poids égaux, les bois légers et mous donnent un peu plus de chaleur que les bois compacts et pesans ; mais comme la différence est très-petite, on pourroit bien l'attribuer à un plus grand degré d'humidité dans ces derniers.

Il est certain que les bois compacts retiennent

l'humidité avec plus de force que les bois légers, et une petite différence dans la sécheresse d'un bois doit produire un effet sensible sur son poids apparent, et par conséquent sur le résultat des calculs que l'on emploie pour déterminer la chaleur qu'il fournit.

Dans des recherches physiques et chimiques, il est toujours satisfaisant de pouvoir comparer les résultats de nouvelles expériences, avec ceux d'expériences anciennes, surtout lorsque celles-ci ont été faites par des personnes remarquables par leur intelligence, et par l'adresse et le soin qu'elles ont portés dans leurs recherches.

M. Lavoisier a fait voir (par des expériences connues de tout le monde), que des quantités égales de chaleur, sont produites dans la combustion de 1089 parties en poids de chêne, et 600 parties de charbon; par conséquent des quantités égales de chaleur doivent être fournies dans la combustion d'une livre de chêne et 0,55 de livre de charbon.

D'après les expériences de M. Crawford, une livre de charbon fournit dans sa combustion assez de chaleur pour élever la température de 57,608 l. d'eau 180 degrés du thermomètre de Fareuheit.

Par conséquent la température de 31,684 liv. d'eau seroit élevée le même nombre de degrés par la chaleur fournie dans la combustion de 0,55 liv. de charbon.

Selon le résultat des expériences de M. Lavoisier, cette même quantité de chaleur doit être fournie dans la combustion de 1 liv. de chêne.

Ayant fait quatre expériences consécutives avec de très-beau bois de chêne de menuiserie bien sec, et en copeaux très-minces, brûlés de manière à ne donner ni fumée, ni odeur, et qui n'ont laissé qu'une quantité inappréciable de cendre, et aucun charbon, j'ai eu les résultats suivans.

Numéros des Expériences.	Quantité de bois brûlé.	Élévation de la température du calorimètre.	RÉSULTAT. Livres d'eau chauffées 180 degrés avec 1 l. du combustible.
1	5.10 gr.	$10\frac{1}{4}$°. F.	31.051 liv.
2	5.13	$10\frac{1}{2}$°.	31.623
3	5.12	10 [illegible]°.	31.941
4	4.95	10°.	31.212
Résultat moyen........................			31.457
Résultat d'après les expériences de MM. Lavoisier et Crawford............			31.684

Il est rare de trouver des expériences physiques faites par différentes personnes, à des époques très-éloignées, et avec des appareils fort différens, qui s'accordent mieux ensemble.

Mais les expériences qui sont bien faites, ne

peuvent jamais manquer de s'accorder dans leurs résultats, quelle que soit la différence des moyens employés pour les faire; il est pourtant nécessaire de faire remarquer que l'accord en question pourroit bien, en effet, ne pas être aussi parfait qu'il le paroît, car tout dépend de l'égalité d'humidité qui peut s'être trouvée dans les bois et le charbon employés dans les expériences, chose qu'il n'est plus possible de constater.

§. XI. (*)

De la plus grande intensité de chaleur qu'il est possible de produire par la combustion des substances inflammables.

Il est connu de tout le monde, que la chaleur d'un petit feu paroît moins intense que celle d'un grand feu, même lorsque la même espèce de combustible est employée; mais je ne sache pas qu'on ait cherché à déterminer la limite de l'intensité d'un feu, ou le plus grand degré de chaleur qu'il est possible de produire par le moyen de la combustion.

Pour éclaircir ce sujet, il est nécessaire de considérer attentivement ce qui se passe dans l'opération chimique que nous appelons *combustion*.

(*) Lu à la séance de la première Classe de l'Institut, du 30 novembre 1812.

Dans tous les cas connus, où deux substances élémentaires s'unissent ensemble de manière à former une substance nouvelle, il y a un changement de température, de manière que la nouvelle substance, *au moment de sa formation*, se trouve avoir une température qui diffère sensiblement de la température des corps environnans.

Parconséquent, les corps environnans sont toujours ou chauffés ou refroidis, plus ou moins, par le nouveau corps qui vient d'être formé.

Mais pour que cet effet soit sensible à nos organes, ou capable d'agir d'une manière sensible sur nos instrumens, il est nécessaire que la quantité de la nouvelle substance formée soit considérable; car, il est certain que la chaleur la plus intense, si elle est développée dans une très-petite particule de matière, peut exister sans produire aucun effet sensible qui pourroit nous donner des indices de son existence.

Il n'est pas moins vrai que l'union chimique de deux atômes, de deux substances élémentaires différentes, doit toujours, dans toutes les circonstences, être accompagnée d'un même changement de température; car cette union à lieu dans un endroit si loin, relativement à tous les autres corps (si, en tout cas, ce ne sont des particules d'un fluide éthéré, qui remplissent tous les espaces), que nous ne pouvons pas concevoir comment le changement de température en question, peut être ou augmenté ou diminué par l'effet de l'action de ces corps environnans.

Il est extrêmement probable, d'après ce que nous avons pu remarquer dans un grand nombre de phénomènes, que le rapprochement des particules élémentaires des corps, est toujours accompagné d'une élévation de leur température, et comme il ne peut y avoir de nouvelles substances formées que par suite d'un rapprochement et de l'union chimique de particules élémentaires, on pourroit conclure qu'il ne peut y avoir de nouvelles compositions chimiques, sans un développement de chaleur.

On peut se former une idée de ce qui se passe dans la combustion, en considérant les phénomènes qui ont lieu lorsque l'eau se gèle.

A une certaine température, qui est invariable, les molécules de ce liquide sont disposées à se rapprocher pour former un corps solide (la glace); et la première particule de glace qui est formée, est accompagnée d'un développement d'une certaine quantité de chaleur, laquelle quantité est invariable.

Il est aussi très-probable que c'est à une température qui est *invariable*, que l'oxygène et l'hydrogène se trouvent disposés à se rapprocher et à s'unir, pour former un atôme de vapeur, et que l'intensité de la chaleur développée, au moment de cette union, est de même invariable, et qu'elle se manifeste toujours, dans toute son intensité, dans l'atôme de vapeur qui vient d'être formé.

Mais comme l'atôme de vapeur est extrêmement petit, et entouré de très-près par des corps relativement très-froids, sa chaleur est bientôt dissipée.

Il y a pourtant un moyen, qui paroît sûr, qu'on peut employer pour déterminer la température d'un atôme de vapeur au moment de sa formation; et, par ce moyen, on saura quelle est la plus haute température qu'il est possible de se procurer par le moyen de la combustion.

Nous avons vu que, d'après les résultats des recherches de M. Crawford, il paroît que, lorsqu'une l. d'hydrogène est brûlée, il se développe assez de chaleur, en cette occasion, pour élever la température de 410 liv. d'eau, à 180 degrés du thermomètre de Fahrenheit (= 100 degrés centigrades).

Or, comme une liv. d'hydrogène parfaitement sec, s'unit en brûlant à 7,3335 liv. d'oxygène, et forme avec lui 8,3333 liv. de vapeur d'eau, il est évident que la quantité de chaleur qui existe dans 8,333 livres de vapeur, à l'instant où cette vapeur est formée, est égale à celle nécessaire pour élever la température de 410 l. d'eau 180 degrés F., ou pour élever la température de 73,800 liv. d'eau, un degré de l'échelle de Fahrenheit.

De ce calcul, on peut conclure que la quantité de chaleur qui existe dans une liv. de vapeur, à l'instant où elle vient d'être formée, est assez considérable pour élever la température d'une livre d'eau 10063 degrés.

Si la capacité de la vapeur de l'eau, pour la chaleur, étoit égale à celle de l'eau liquide, il est bien certain que la température de la vapeur, à *l'instant de sa formation*, seroit celle de 10063°. F.

Pour pouvoir nous former une idée de ce degré d'intensité, on peut le comparer à une intensité de chaleur qui est connue.

Le fer qui est chauffé au point de paroître bien rouge de jour, a pour lors la température de 1000°. F.; par conséquent la température de la vapeur de l'eau, à l'instant de sa formation, seroit *dix fois* plus élevée que celle du fer rouge; mais comme, selon Crawford, la capacité de la vapeur de l'eau, pour la chaleur, est plus grande que celle de l'eau, dans la proportion de 1,55 à 1, la température en question sera moindre que celle de 10063°. dans la même proportion. Elle sera donc égale à 8750°. F.

C'est donc là la limite de l'intensité de la chaleur, au milieu du plus grand feu, où l'hydrogène pur seroit employé comme combustible, et où le feu seroit alimenté par de l'oxygène pur. C'est une intensité à laquelle on peut approcher, plus ou moins, mais où on ne peut jamais arriver.

Comme le pyromètre de Wedgewood indique des températures beaucoup plus élevées, il paroît démontré, par le résultat de ce calcul, que l'échelle de ce pyromètre est fautive. C'est, d'ailleurs, ce que les résultats d'autres recherches, faites par des physiciens habiles, ont rendu très-probable.

Mais, afin de pouvoir décider définitivement sur cette question intéressante, il seroit indispensablement nécessaire de connoître au juste la capacité de la vapeur de l'eau pour la chaleur, *à différentes températures*, chose inconnue et qui est difficile à déterminer.

En examinant la chose attentivement, nous trouverons pourtant, ce me semble, des raisons pour croire que la capacité de la vapeur de l'eau pour la chaleur, doit nécessairement être diminuée avec l'augmentation de sa température.

Les calculs suivans peuvent servir pour éclaircir ce sujet.

Pour pouvoir déterminer la plus haute température qui peut exister au milieu du plus grand feu où l'hydrogène pur est le seul combustible employé, et où le feu est alimenté par de l'air atmosphérique, il est nécessaire de remarquer que comme l'oxygène et l'azote se trouvent intimément mêlés dans l'atmosphère, la chaleur qui résulte de la combustion de l'hydrogène, doit être immédiatement partagée entre la vapeur qui résulte de l'union de l'hydrogène avec l'oxygène; et l'azote qui se trouve nécessairement mêlé avec cette vapeur.

Pour simplifier notre recherche, nous commencerons par supposer que tout l'oxygène qui se trouve dans l'air atmosphérique, est employé.

Dans ce cas, comme il faut que 7,3333 l. d'oxygène soient unis à 1 liv. d'hydrogène pour composer 8,3333 liv. de vapeur, et comme l'air atmosphérique est composé de 21 liv. de gaz oxygène mêlés avec 79 liv. d'azote; les 7,3333 l. d'oxygène qui sont unis à 1 liv. d'hydrogène pour former 8,3333 liv. de vapeur, doivent se trouver mêlés avec 27,587 liv. d'azote, par conséquent la chaleur développée dans la combustion de 1 liv. d'hydrogène, doit se trouver aussitôt partagée entre 8,3333 liv. de vapeur, et 27,587 liv. d'azote, et ce partage doit se faire en raison directe des poids de ces deux fluides, et de leur capacité pour la chaleur.

La capacité de la vapeur étant à celle de l'azote, comme 1,55 à 0,7036 (selon Crawford), toute la chaleur en question sera partagée de manière que la vapeur en retiendra une partie représentée par le nombre 9,5832 ; = 8,3333 × 1,55) et l'azote en recevra l'autre partie = 19,41 (étant le produit de 27,587 multiplié par 0,7036.)

Maintenant comme les deux nombres 9,5832 et 19,41 sont l'un à l'autre dans la proportion de 1 à 2,0254, il est évident que la température sera la même que l'on auroit si toute la chaleur en question étoit également partagée entre la vapeur qui résulteroit de la combustion de 3,0254 liv. d'hydrogène, c'est-à-dire entre 25,2113 liv de vapeur.

Or, comme nous avons vu que la chaleur manifestée dans la combustion de 1 l. d'hydrogène qui se trouve dans les 8,3333 liv. de vapeur qui sont les produits de cette combustion, suffit pour élever la température de cette vapeur à celle de 8750°. F. il est évident que si cette même quantité de chaleur se trouve partagée entre 25,2113 liv. de vapeur, la température de cette vapeur ne peut être plus haute que celle de 2891°. F.

C'est donc là la plus haute température que l'on doit trouver au milieu d'un grand feu alimenté par l'air atmosphérique où le combustible brûlé seroit l'hydrogène pur.

Comme cette température est beaucoup plus

basse que celle que l'on peut exciter par la combustion, même sans employer ni l'hydrogène pur, ni l'oxygène pur, le résultat de ce calcul fournit une preuve démonstrative que la capacité pour la chaleur de la vapeur de l'eau, ou bien celle de l'azote, est diminuée lorsque sa température est augmentée. Très-probablement les capacités de l'un et l'autre, et généralement celles de tous les fluides élastiques, sont diminuées lorsque leurs températures sont augmentées.

Nous allons voir maintenant qu'elle est la plus haute température qu'il seroit possible d'atteindre en brûlant du charbon, et en soufflant le feu avec du gaz oxygène pur.

Selon Crawford, 1 liv. de charbon donne assez de chaleur dans sa combustion, pour élever la température de 57,608 liv. d'eau 180 degrés F., ou pour élever la température de 9369,44 liv, d'eau 1 degré.

Or, comme 1 liv. de charbon s'unit à 2,5714 l. d'oxygène en brûlant, et forme avec lui 3,5714 l. d'acide carbonique, la chaleur qui se trouve dans 3,5714 liv. d'acide carbonique *à l'instant de sa formation*, suffiroit pour élever la température de 9369,44 liv. d'eau 1 degré, par conséquent la chaleur qui se trouve dans 1 liv. de cet acide au moment de sa formation, suffiroit pour élever la température de 3643,6 liv. d'eau 1 degré.

C'est-là la *quantité* de chaleur qui existe dans l'acide carbonique à l'instant de sa formation. Pour savoir quelle est l'*intensité* qu'il indiqueroit si on pouvoit la mesurer dans ce moment, par le moyen d'un thermomètre, il faudroit savoir au juste la *chaleur spécifique* de l'acide carbonique. Si, avec Crawford, on la prend à 1,0459 (celle de l'eau étant prise = 1,) nous aurons 3811°. F., pour la mesure de l'intensité de la chaleur qui existe dans l'acide carbonique au moment de sa formation; et par conséquent pour l'intensité du plus grand feu fait avec du charbon (sans mélange d'hydrogène), même dans le cas où ce feu seroit alimenté par *l'oxygène pur*.

Il nous reste à déterminer quelle est la température qu'on pourroit espérer d'atteindre en brû- du charbon par le moyen de l'*air atmosphérique*.

Comme nous avons trouvé que la température des 3,5714 liv. d'acide carbonique qui sont le produit de la combustion de 1 liv. de charbon, est celle de 3811°. F. au moment de sa formation, nous n'avons qu'à rechercher combien la température de cet acide doit être diminuée par le mélange d'azote qui doit nécessairement s'y trouver lorsque l'oxygène employé dans la combustion du charbon est fourni par l'air atmosphérique.

Comme, dans l'air atmosphérique, chaque livre d'oxygène se trouve mêlée avec 3,7619 l. d'azote; les 2,5714 l. d'oxygène employées dans la combustion de 1 liv. de charbon, doivent se trouver mêlées avec 9,6735 liv. d'azote; par conséquent toute la chaleur développée dans la combustion de 1 liv. de charbon, se trouvera partagée entre 3,5714 l. d'acide carbonique, et 9,6735 liv. d'azote.

Et comme la chaleur spécifique de l'acide carbonique est à celle de l'azote comme 1,0459 à 0,7036; cette chaleur sera partagée entre ces deux substances dans la proportion de (3,5714 × 1,0459 =) 3,7354 à (9,6735 × 0,7036 =) 6,8062, ce qui est dans la proportion de 1 à 1,8221 ou de 3,5714 à 6,5075; et de là on peut conclure que la température du mélange de 3,5714 liv. d'acide carbonique, et de 9,6735 d'azote, seroit la même que si on avoit mêlé avec les 3,5714 liv. d'acide carbonique, encore 6,5075 liv. de ce même acide, faisant ensemble 10,0789 liv. d'acide carbonique.

Or, comme la chaleur développée dans la combustion de 1 liv. de charbon, a suffi pour élever la température des 3,5714 liv. d'acide carbonique provenant de cette combustion, à celle de 3811°. F.

cette même quantité de chaleur doit suffire pour élever la température de 10,0789 liv. d'acide carbonique à la température de 1350°.F.

C'est, selon les résultats de ce calcul, la plus haute température que l'on devroit s'attendre à trouver au milieu du plus grand feu de charbon, alimenté par l'air atmosphérique.

Mais nous sommes bien certains que l'intensité de la chaleur, au milieu d'un grand feu de charbon, est beaucoup supérieure à celle indiquée par ce calcul; par conséquent nous sommes autorisés à conclure que la capacité pour la chaleur de l'acide carbonique, et celle du gaz azote, sont *beaucoup diminués* lorsque ces fluides élastiques sont exposés à une *très-haute température*.

Si, en cherchant à découvrir la limite de l'intensité d'un feu de charbon, j'ai supposé le feu *très-grand*; ce n'est pas parce que j'ai imaginé que la chaleur développée dans la combustion, soit plus intense *à la source primitive* dans un grand feu que dans un petit feu; mais comme un petit feu est toujours entouré de fort près par des corps relativement très-froids, par les murs du foyer, etc., les produits de la combustion (qui sont toujours à l'instant de leur formation à la même température), sont si rapidement refroidis lorsque le feu est petit, que la température qu'on peut trouver dans ce feu, est nécessairement plus basse que celle que l'on trouve au milieu d'un plus grand foyer, où une plus grande quantité de même espèce de combustible est employée.

Lorsqu'un grand feu de charbon se trouve bien allumé dans un foyer clos, construit avec des briques, ou avec des pierres qui résistent au feu, toute la surface intérieure des murs du foyer devient excessivement chaude, et la chaleur s'accumule et devient très-intense dans tout l'intérieur du foyer, de manière que le fer, et même des pierres s'y fondent et coulent comme des liquides; mais, lorsque le foyer est petit, c'est avec peine qu'on peut venir à bout de le chauffer au point de faire rougir foiblement ses parois; et si le foyer est *très-petit*, un feu de charbon ne peut pas s'y établir. Si on vient à bout d'allumer la très-petite quantité de charbon contenue dans ce petit foyer, ce n'est qu'à force de le souffler continuellement; et aussitôt qu'on cesse de souffler, le feu diminue, et ne tarde pas de s'éteindre.

On peut dire que ce petit feu *meurt de froid*, et cette expression indique, avec autant de force que de justesse, la nature de l'évènement qui a lieu.

Mais si c'est le froid communiqué par les corps environnans, qui empêche un très-petit feu de charbon de brûler; ne pourroit-on pas le faire brûler, en le garantissant, contre ce froid, par le moyen d'un habillement convenable ?

C'est une expérience que j'ai tentée il y a six ans, qui a eu le plus grand succès, et qui m'a mis à même de faire construire des petits fourneaux portatifs de cuisine, qui sont déjà devenus un article de commerce à Paris, et qui ne peuvent pas manquer de devenir d'un usage général dans tous les pays.

C'est en entourant le foyer du fourneau, de deux couches d'air enfermé, que le réfroidissement du foyer, et du charbon qui s'y trouve, est empêché; et dans cette situation favorable, le charbon brûle parfaitement, et le feu s'établit si bien qu'il devient même très-obéissant à un petit registre qui règle la quantité d'air qui entre dans le foyer.

On jugera des avantages qui doivent résulter de l'emploi de ces petits fourneaux portatifs, dans les cuisines et ailleurs, et pour l'économie du combustible, ainsi que pour celle du temps et des peines, lorsqu'on est informé que la combustion peut être réglée, sans aucune difficulté, de manière à ce que la charge de charbon placée dans le foyer, sont brûlée très-vîte, dans vingt minutes, par exemple; et avec un feu très-ardent, ou de manière à entretenir un petit feu pendant trois heures.

Avec ces fourneaux portatifs de cuisine, il est indispensablement nécessaire d'employer des marmites ou des casseroles d'une construction particulière. Elles doivent être suspendues par leurs bords, dans de larges cerceaux de tôle ou de cuivre, pour mieux enfermer la chaleur. Le cerceau d'une casserole doit avoir un demi-pouce de plus en largeur, que la casserole n'a de profondeur.

Mais, ce n'est pas ici où je devrois m'étendre sur cet humble objet d'économie domestique.

Dans cette assemblée, on est accoutumé à entendre parler le langage des hautes-sciences; et je reviens à mon sujet.

Si l'état actuel de nos connoissances, ne nous permet pas d'établir, avec une précision rigoureuse, la limite de la plus haute température qu'il est possible d'exciter par le moyen de la combustion des corps inflammables; les calculs que je viens de soumettre à la classe, peuvent pourtant nous servir et guider nos conjectures sur ce sujet intéressant;

Ils feront voir, en même temps, ce qui nous manque pour nous mettre à même de l'approfondir.

RECHERCHES

SUR LES QUANTITÉS DE CHALEUR

DÉVELOPPÉES

Dans la condensation de la vapeur de l'eau, et dans celle de l'alkool.

§. Ier.

De la quantité de chaleur développée dans la condensation de la vapeur de l'eau.

Le calorimètre ayant été convenablement rempli et placé sur son support, un courant de vapeur fut introduit dans le serpentin, à travers un bouchon de liége, placé dans l'ouverture inférieure du serpentin. Ce bouchon ayant été percé d'un trou de 2 lignes de diamètre, dans la direction de son axe, ce trou fut fermé en haut par un très-petit houchon de liége, (de deux lignes de diamètre sur deux ligues de hauteur), et quatre autres trous d'environ une ligne en diamètre, percés horizontalement à travers les parois du grand bouchon à 2 lignes au-dessous de son extrémité supérieure, et communiquant avec le trou de 2 lignes de diamètre dans l'axe de ce bouchon, donnèrent passage à la vapeur, pour entrer, par quatre petits canaux horizontaux, dans le serpentin.

Comme les ouvertures de ces petits canaux, se trouvoient plus élevées que le niveau du fond plat du serpentin, l'eau qui résultoit de la condensation de cette vapeur, n'empêcha point la vapeur de continuer d'arriver par ces passages.

Cette vapeur venoit d'un matras à long col, contenant de l'eau distillée, qui fut mise sur un réchaud portatif, placé dans une cheminée à quelque distance du calorimètre; et pour empêcher toute communication de chaleur du réchaud au calorimètre, directement, le réchaud fut masqué par des planches, et le tuyau qui menoit la vapeur au calorimètre fut bien enveloppé avec de la flanelle.

L'eau froide qui remplissoit le calorimètre, étoit à une température plus basse que celle de la chambre, de 6 degrés F.; et, lorsque le thermomètre du calorimètre annonçoit une augmentation de température de 12 degrés F., on mit fin à l'expérience.

L'eau provenant de la condensation de la vapeur dans le serpentin, fut soigneusement pesée, et de sa quantité, ainsi que de la chaleur communiquée au calorimètre, la chaleur développée par la vapeur dans sa condensation, fut déterminée.

Comme une petite partie de la chaleur communiquée au calorimètre, provenoit du refroidissement de l'eau condensée dans le serpentin, après que la vapeur eut été changée en eau, on a tenu compte de cette chaleur. On a supposé que l'eau, au moment de la condensation, avoit la température de 212 degrés F., celle de l'eau bouillante, et on a déterminé, par le calcul, quelle partie de la chaleur communiquée au calorimètre, a dû l'être par cette eau bouillante.

En faisant ce calcul, on n'a pourtant pas tenu compte de la différence dans la capacité de l'eau pour la chaleur, qui dépend de sa température : on la connoît trop imparfaitement; et d'ailleurs, la correction qui en auroit résulté, ne pourroit jamais être que très-petite.

Voici les détails et les résultats de deux expériences qui ont été faites le 21 janvier 1812.

Numéros des expériences.	Température de la chambre.	État du calorimètre (égal, en capacité, pour la chaleur, à 2781 grammes d'eau).			Quantité de vapeur condensée en eau dans le serpentin.	RÉSULTAT
		Température au commencement de l'expérience.	Température à la fin de l'expérience.	Élévation de sa température.		Quantité d'eau qu'on pourroit chauffer de 1 degré F., avec la chaleur développée dans la condensation d'une L de vapeur.
					grammes.	livres
1.	61°.	55°.	67 ½°.	12 ½°.	29.61	1029.3
2.	62°. ¼	57 ¼°.	67 ½°.	10 ¼°.	24.4	1052.3
					Résultat moyen,	1040.81.

En exprimant le résultat moyen de ces deux expériences, de la manière employée par M. Watt et autres, je dirai que 1040 degrés de chaleur, (d'après l'échelle de Fahrenheit), sont dégagés dans la condensation de la vapeur de l'eau; et que, par conséquent, cette même quantité de chaleur est employée et rendue latente lorsque l'eau, déjà à la température de l'eau bouillante, est changée en vapeur.

La durée de chacune de ces deux expériences a été de dix à onze minutes, et j'avois fait bouillir l'eau quelque temps dans le matras (pour en chasser l'air qu'elle contenoit), avant que d'en diriger la vapeur dans le serpentin du calorimètre.

Comme les résultats de ces expériences ont été très-uniformes, et comme ils s'accordent fort bien avec ceux des dernières expériences de M. Watt, faites pour déterminer la même question, je n'ai pas cru nécessaire de les répéter plus souvent.

J'ai été, d'ailleurs, très empressé de m'occuper de la recherche dont je vais rendre compte, savoir :

§. II.

De la quantité de chaleur développée dans la condensation de la vapeur de l'alkool.

Comme les chimistes ne sont pas encore d'accord sur l'état des élémens de l'eau qui se trouvent dans l'alkool, j'ai cru qu'en déterminant avec précision la quantité de chaleur qui se développe dans la condensation de la vapeur de l'alkool, on seroit mieux en état de former des conjectures sur l'état de l'eau, si en tout cas il s'en trouve dans ce liquide inflammable.

Les résultats des expériences que j'ai faites avec de l'alkool, sont moins réguliers que ceux des expériences faites avec de l'eau, comme on auroit dû s'y attendre ; mais ils ont pourtant été assez uniformes pour constater un fait qu'on regardera, sans doute, comme très-curieux et très-important.

Comme la vapeur qui se dégage de l'esprit-de-vin qu'on fait bouillir, varie un peu avec l'intensité du feu que l'on emploie pour le faire bouillir, j'ai eu soin de noter le temps qui a été employé dans chaque expérience, afin de pouvoir juger, en comparant la quantité de vapeur condensée, avec le temps employé pour la former, de l'intensité du feu employé pour faire bouillir le liquide.

Dans la table suivante, on verra les détails et les résultats de cinq expériences, faites le même jour (le 21 janvier 1812), avec de l'alkool de différens degrés de force. La capacité du calorimètre étoit toujours égale à celle de 2781 grammes d'eau, et le thermomètre employé fut celui de Fahrenheit.

Numéros des expériences.	Gravité spécifique de l'alkool employé.	Temps employé dans l'expérience.	Température de l'air dans la chambre.	Etat du calorimètre.			Quantité d'alkool condensé dans le calorimètre.	RÉSULTAT.
				Température au commencement.	Température à la fin.	Élévation de sa température.		Quantité d'eau qu'on pourroit chauffer à un degré F. avec la chaleur développée dans la condensation d'une liv. de la vapeur.
		min					gram	
1.	85342	7	61°.	54¼°.	68½°.	14¼°.	69.86	499.54
2.	85342	5	61°.	56°.	66¼°.	10¼°	52.21	476.83
3.	84714	8	60½°.	55½°.	[illegible]5½°.	10°.	48.82	500.03
4.	81763	4¼	61°.	56°.	66½°.	10½°.	56.61	479.92
5.	85342	6½	64°.	57°.	71½°.	14½°.	71.31	499.65

En déterminant, par le calcul, la quantité d'eau qu'on pourroit chauffer *un degré*, par la chaleur développée dans la combustion d'une livre de cette vapeur, j'ai eu soin de tenir compte de la différence qu'il y a entre la capacité de l'eau, pour la chaleur, et celle de l'alkool, lorsque j'ai déterminé combien de chaleur a dû être communiqué au calorimètre par l'alkool provenant de la condensation de la vapeur, en se réfroidissant dans le serpentin.

Pour voir l'état des élémens de l'eau, qui se trouvent dans la vapeur de l'alkool; il faut voir combien d'eau ces élémens pourroient former.

Nous choisirons l'expérience qui a été faite avec l'alkool, de la gravité spécifique de 81763, et qui contenoit le moins d'eau. La quantité de vapeur condensée dans cette expérience, étoit 56,61 grammes.

Dans 100 parties de cet alkool, se sont trouvées :

91,79 parties de l'alkool pur de Lowitz,

et 8,21 parties d'eau.

Parconséquent, il y avoit, dans les 56,61 gram. d'alkool condensés dans le calorimètre,

51,962 grammes de l'alkool de Lowitz,

et 4,648 grammes d'eau.

Or, comme M. de Saussure a fait voir qu'il y a 47 parties d'eau dans 100 parties de l'alkool de

Lowitz, il doit y avoir eu 24,422 grammes d'eau, dans les 51,962 grammes d'alkool de Lowitz, qui ont été condensés dans le calorimètre.

Si à cette quantité d'eau (= 24,422 grammes), nous ajoutons les 4,648 grammes qui ont été trouvés mêlés avec 51,962 grammes d'alkool de Lowitz, pour composer les 56,61 grammes de l'alkool employé dans l'expérience, nous aurons 29,07 grammes d'eau qui doivent avoir existé, ou dans l'état ordinaire de l'eau toute formée, ou de quelque autre manière, dans les 56,61 grammes d'alkool condensés dans le calorimètre.

Mais la condensation de 29,07 grammes de la vapeur d'eau, en eau liquide, doit toute seule fournir plus de chaleur que nous n'en avons eu dans l'expérience en question, dans la condensation de ces 29,07 grammes d'élémens d'eau, avec 27,57 grammes de carbone et d'hydrogène, qui concourent, avec ces élémens, à former la vapeur de l'alkool, qui étoit condensée.

Si nous appliquons un calcul semblable aux résultats des expériences faites avec de l'alkool qui contenoit plus d'eau, le résultat de la recherche sera encore plus frappant.

Dans l'expérience n°. 5, l'alkool employé avoit la gravité spécifique de 85324; parconséquent 100 parties de cet alkool étoient composées:

De 77,88 parties d'alkool de Lowitz.

Et 22,12 parties d'eau.

Et dans l'expérience, 71,31 grammes de vapeur d'alkool furent condensés.

Parconséquent, il y avoit, dans ces 71.31 grammes d'alkool condensés,

55,688 grammes d'alkool de Lowitz.

et 15,622 grammes d'eau.

Dans les 55,688 grammes d'alkool de Lowitz, il y avoit 26,102 grammes d'eau, selon l'analyse de M. de Saussure, et cette dernière quantité d'eau (=26,012 grammes), ajoutée à la quantité trouvée ci-dessus, savoir : 15,622 gram., font 41,727 gram. d'eau, qui doivent avoir existé, ou comme eau en vapeur ou autrement, dans les 71,31 grammes de vapeur d'alkool condensée dans le calorimètre, dans l'expérience en question.

Pour simplifier notre calcul, et rendre nos comparaisons plus frappantes, nous allons voir combien d'eau pure, en vapeur, auroit suffi pour fournir, dans sa condensation, la même quantité de chaleur qui a été fournie par la condensation de 71,31 grammes de vapeur d'alkool, dans l'expérience en question.

Dans cette expérience, la température du calorimètre étoit élevée de 14 ½ degrés F.

Dans la seconde expérience, faite avec la vapeur

d'eau pure, la température de ce même calorimètre a été élevé de 10 ½ degrés F., avec la chaleur développée dans la condensation de 24,4 grammes de cette vapeur.

Par conséquent, la température du calorimètre auroit été élevée à 14 ½ degrés F., avec la chaleur qui auroit été développée dans la condensation de 33,695 grammes de vapeur d'eau pure.

Or, comme l'hydrogène et l'oxygène, formant les élémens de 41,727 grammes d'eau, qui se sont trouvés faire parties constituantes des 71,31 gram. de vapeur d'alkool, condensés dans l'expérience en question, n'ont fourni, dans leur condensation, que la même quantité de chaleur que 33,695 grammes de vapeur d'eau pure en auroient fourni; il est bien prouvé, ce me semble, que ces élémens ne sont point réunis de manière à former de l'eau, aussi long-temps qu'ils concourent à la formation de l'alkool.

J'ai trouvé que la vapeur de l'éther sulfurique fournit environ moitié moins de chaleur; dans sa condensation, que celle de l'alkool; par conséquent, le quart seulement de ce que la vapeur de l'eau fournit, à poids égaux; mais ayant été interrompu par un accident, dans le cours de mes expériences avec de l'éther, je désire les finir avant que de publier les résultats.

RECHERCHES

SUR

LA CAPACITÉ POUR LA CHALEUR,

OU

POUVOIR CALORIFIQUE DE DIVERS LIQUIDES.

Ce sujet est un peu obscur par sa nature, et il a été si peu examiné qu'il sera utile de commencer par l'éclaircir.

Supposons deux vases cylindriques, à parois fort épaisses, faits en plomb ou de tout autre métal, et parfaitement égaux, chacun capable de contenir une pinte.

Ces deux vases étant à la température de la glace fondante, on versera dans l'un une livre d'eau à la température de 96 degrés F. (= 28 $\frac{1}{2}$ R.), celle du sang, et dans l'autre, une livre d'huile d'olive à cette même température.

Chacun de ces liquides chauffera le vase froid dans lequel il sera placé, et le vase refroidira le liquide ; et le vase et le liquide finiront par avoir la même température.

Si l'eau et l'huile d'olive avoient le même pouvoir calorifique, une livre d'eau à la température de 96 degrés, chaufferoit son vase froid autant et pas plus qu'une livre de l'huile ne chaufferoit le sien ; les deux vases ayant le même poids et la même température au commencement.

Mais l'expérience nous a fait voir que l'eau chauffe son vase beaucoup plus que l'huile ne chauffe le sien ; parconséquent, le pouvoir calorifique de l'eau est plus grand que le pouvoir calorifique de l'huile d'olive. Lorsque les *quantités* de ces deux liquides sont estimées par leurs poids, et si on désigne le pouvoir calorifique par 1. le pouvoir calorifique de l'huile d'olive, sera exprimé par une fraction plus petite que 1.

Le pouvoir avec lequel un corps quelconque, solide ou liquide, étant à une température quelconque, résiste à l'action calorifique ou frigorifique des corps, plus chauds ou plus froids que lui, qui l'entourent, est en raison de son pouvoir calorifique ; et plus ce pouvoir est grand, plus longtemps il résiste à ces actions des corps environnans sur lui.

Si, sous des surfaces égales, une livre d'eau et une livre d'huile d'olive, étant l'une et l'autre à la même température (à celle, par exemple, de 96 degrés F.), sont placés en même temps, dans un endroit où la température se trouve être plus basse (celle de la glace fondante, par exemple), l'huile d'olive sera réfroidie plus rapidement que l'eau.

Si c'est dans un endroit *chaud* que les deux liquides sont exposés, c'est encore l'huile d'olive qui aura sa température changée le plus rapidement; elle sera plutôt chauffée que ne le sera l'eau.

Dans deux vases cylindriques de verre, égaux et très-minces, on place des quantités d'eau égales et ayant la même température, celle, par exemple, de 96 degrés F.

Un morceau de plomb du poids d'une livre, et un morceau de cuivre du même poids, ayant été réfroidis dans un mélange de glace pillée et d'eau, on les ôte de ce mélange froid; on les plonge de suite, l'un dans un des vases; l'autre dans l'autre, et on les laisse submergés dans l'eau contenue dans ces vases.

Chacune de ces deux masses d'eau se trouvera réfroidie; mais celle où sera le cuivre, plus que celle où sera le plomb; car le pouvoir calorifique du cuivre est plus grand que le pouvoir calorifique du plomb.

On peut aussi dire, que le *pouvoir frigorifique* du cuivre est plus grand que le *pouvoir frigorifique* du plomb, et dans le cas en question, l'expression seroit peut-être plus convenable.

C'est toujours le même pouvoir; c'est celui que possède un corps par lequel il résiste à l'action des corps environnans, qui tend à changer sa température, soit en l'augmentant, soit en la diminuant.

Beaucoup d'obscurité à été introduite dans la science, par des idées vagues, qui ont été attachées à ces deux mots: *chaud* et *froid*; mais il ne seroit pas convenable de m'étendre davantage sur ce sujet, dans ce moment-ci. J'ai déjà exprimé mon opinion sur la nature de la chaleur dans un autre endroit, et avec la franchise que le sujet comportoit et rendoit nécessaire.

Le peu de chaleur que j'ai trouvé dans la condensation de l'alkool, m'ayant fait soupçonner que la chaleur spécifique de ce liquide n'avoit pas été bien déterminée, et ayant besoin de le savoir au juste, pour pouvoir achever les calculs qui étoient nécessaires pour éclaircir les résultats de quelques-unes de mes expériences; j'ai fait construire un petit appareil fort simple, à l'aide duquel j'ai pu la déterminer facilement, et, à ce qu'il m'a paru, avec assez de précision.

Cet appareil consiste en une petite bouteille d'une forme particulière, construite en feuilles minces de cuivre rouge, destinée à contenir le liquide qui est le sujet de l'expérience; et en un petit vase cylindrique, aussi construit en feuilles minces de cuivre rouge dans lequel je place une quantité donnée d'eau à une température qui m'est connue. C'est dans cette eau que je plonge la bouteille de cuivre qui contient le liquide qui est le sujet de l'expérience; ce liquide ayant une température connue et différente de celle de l'eau dans le vase.

Comme la capacité pour la chaleur du vase, ainsi que celle de la bouteille, me sont connues, je détermine, par un calcul fort simple, la capacité pour la chaleur du liquide renfermé dans la bouteille. Ce calcul, qui est bien connu, est fondé sur les changemens qui ont lieu dans la température des liquides, dans le vase et dans la bouteille, en prenant une température uniforme, lorsque la bouteille est plongée dans l'eau contenue dans le vase.

Pour que cette égalité de température puisse s'établir promptement, la forme de la bouteille est telle qu'elle a une très grande surface, relativement à son peu de capacité; et pour pouvoir la manier sans la toucher, son goulot, qui est petit est fermé par un long bouchon de liége, et c'est par ce bouchon qu'on la prend quand on la plonge dans l'eau contenue dans le vase.

Afin de diminuer, autant que possible, l'effet de l'atmosphère et des corps environnans sur l'appareil, pendant le temps qui est employé à faire une expérience ; la quantité d'eau dans le vase, est réglée de manière à ce que la bouteille soit tout à fait submergée dans le liquide, et même l'extrêmité supérieure de son goulot couverte, lorsque la bouteille est plongée dans l'eau. Le vase qui contient cette eau, se trouve placé et suspendu par un collier de liège, dans une autre vase plus large et un peu plus haut, et l'intervalle qui se trouve entre les deux vases, est rempli du duvet qu'on appelle *elderdon*.

La forme de la bouteille est telle que sa section horizontale présente la figure d'une croix à angles droits. On aura une idée de sa forme et de ses dimensions, si on conçoit une baguette carrée de quatre lignes en quarrissage sur quatre pouces trois lignes de longueur, sur les quatre faces de laquelle on aura établi quatre baguettes de la même longueur (savoir : de quatre pouces trois lignes) ; mais ayant chacune quatre lignes d'épaisseur, sur huit lignes de largeur.

Ce sont les quatre dernières baguettes qui présenteront à la vue la figure de la bouteille ; car la baguette carrée sera enfermée par ces quatre ; et cachée à la vue.

Le goulot de cette bouteille se trouve dans le prolongement de son axe ; ce goulot a quatre lignes de diamètre sur quatre lignes de hauteur ; il doit être circulaire et un peu évasé, pour faciliter l'entrée de son bouchon ; ce bouchon doit avoir un pouce de longueur, et la bouteille pèse 76,07 gram sans son bouchon.

Le vase cylindrique qui contient l'eau, a deux pouces de diamètre, et quatre pouces neuf lignes de hauteur ; et il pèse 74.65 grammes.

Le vase extérieur dans lequel celui-ci est suspendu (par un collier de liège), a cinq pouces trois lignes de hauteur et trois pouces de diamètre ; de manière que les parois et les fonds de ces deux vases se trouvent éloignés partout, par un intervalle de six lignes : cet intervalle est rempli d'eiderdon, comme je viens de le dire.

Pour empêcher l'eau de s'insinuer entre les deux vases cylindriques, et mouiller l'eldredron, le collier de liège est recouvert d'une mince couche de mastic.

Pour pouvoir m'assurer de la température de la bouteille et du liquide qu'elle contient, sans être obligé de plonger un thermomètre dans la bouteille, ce qui, en ce cas, auroit eu des inconvéniens, j'ai employé un moyen fort simple, qui m'a dispensé de faire cette opération délicate et difficile.

Je place un grand baquet rempli d'eau, dans une chambre située au nord, où le soleil n'entre pas; je laisse cette eau prendre la température de la chambre, ayant soin de tenir la porte et les fenêtres de la chambre constamment fermées jour et nuit; pour lors ayant mis dans le baquet un support d'une hauteur convenable, chargé d'un poids pour le tenir submergé dans l'eau, je pose la petite bouteille sur ce support, qui a une hauteur telle que l'extrémité supérieure du bouchon de la bouteille, se trouve hors de l'eau, pendant que la bouteille elle-même reste complétement submergée. Comme cette bouteille est petite, et a une grande surface, elle ne tarde pas à acquérir, dans le baquet, la température de l'eau, qui m'est connue, étant ordinairement celle régnant dans la chambre; mais pour être bien assuré que la bouteille et le liquide qu'elle contient ont acquis la température en question, je laisse la bouteille un temps considérable dans le baquet, assez souvent une demi-heure, et quelquefois plus.

En rendant un compte détaillé d'une expérience faite avec cet appareil, je trouverai moyen de donner des idées claires et précises des différentes parties de mon appareil, et des objets particuliers qu'elles ont été destinées à remplir.

Ayant trouvé, par diverses expériences prélé-minaires, faites avec de l'eau, que la capacité pour la chaleur du vase cylindrique, avec celle du ther-momètre employé pour déterminer la tempéra-ture de l'eau qu'il contenoit, étoit égale à celle de 24,3 grammes d'eau, et que le chaleur spécifi-que de la bouteille de cuivre étoit égale à celle de 8,36 grammes d'eau, on fit l'expérience suivante, avec *de l'huile de Colsa* épurée, (le 12 février 1812.)

Je mis dans le vase cylindrique 180 grammes d'eau; je lui laissai prendre la température de l'air de la chambre, qui fut celle de 59 ½ degrés F.; je remplis la bouteille de cuivre d'huile épurée de Colsa; et je la bouchai bien avec son long bou-chon de liège, je la refroidis dans un grand ba-quet d'eau à la température de 44 ¼ degrés F., c'étoit celle de la chambre où se faisoit l'expé-rience. L'huile dans la bouteille pesoit 82,55 grammes.

La bouteille ayant eu le temps d'acquérir la tem-pérature de 44 ¼ degrés F., fut retirée du baquet et mise dans un vase cylindrique de fer-blanc d'en-viron quatre pouces de diamètre sur six pouces de hauteur; qui fut rempli, jusqu'à la hauteur de quatre pouces et demi, d'eau à la température de 44 $\frac{1}{4}$ degrés F.

La bouteille étant submergée dans ce vase rempli de cette eau froide, fut transportée dans la chambre où j'avois mis le petit vase de cuivre appartenant à l'appareil : arrivée dans cette chambre, la bouteille fut assitôt sortie de l'eau froide, et plongée dans l'eau contenue dans le petit vase cylindrique de cuivre, qui contenoit 180 grammes d'eau à la température de 59 $\frac{1}{2}$ degrés F.

Un thermomètre à mercure, ayant un réservoir cylindrique de quatre pouces de longueur, qui fut placé dans ce vase, à côté de la bouteille de cuivre, ne tarda pas à descendre, et en trois ou quatre minutes, il marqua 56 $\frac{1}{2}$ degrés F., où il resta long-temps stationnaire, et ensuite commença à monter très-lentement.

Les capacités pour la chaleur des corps chauds qui furent refroidis dans cette expérience, étoient égales à celle de 204,3 grammes d'eau, savoir :

	grammes.
Celle de l'eau employée.	180.
Et celles du vase et du thermomètre.	24.3
TOTAL. . . .	204.3

La capacité pour la chaleur de la bouteille, dans laquelle l'huile étoit renfermée, étoit égale à celle de. . . . . 8,36 gr. d'eau.

Et à cela il faut ajouter l'eau froide adhérente à la bouteille. Lorsqu'elle fut sortie de l'eau froide et plongée dans l'eau contenue dans le vase de cuivre, j'ai trouvé, par une expérience particulière, que cette quantité d'eau étoit de. 1,04

TOTAL 9.40

Maintenant, comme la température de l'eau chaude, dans le vase cylindrique de cuivre, étoit celle de $59\frac{1}{2}$°. avant le mélange, et $26\frac{1}{2}$°. après que la communication de la chaleur eut été achevée; il est évident que cette eau a été refroidie de $2\frac{3}{4}$ degrés.

Or, si nous multiplions le nombre de grammes d'eau que représente la chaleur spécifique de cette eau, et celle du vase = 204,3 grammes par le nombre de degrés qu'elle a été refroidie ($2\frac{3}{4}$), nous aurons un produit qui exprimera le nombre de grammes d'eau qui auroient été refroidis d'un degré F., par une perte de chaleur égale à celle que le vase, et ce qu'il contenoit, ont supporté dans cette expérience. C'est 204,3 × 2,75 × 561,83 grammes.

Nous allons maintenant voir quelle partie de cette chaleur a été communiquée à la bouteille et à la petite portion d'eau froide qui resta attachée à la bouteille, et quelle partie à l'huile contenue dans la bouteille.

Comme la température de la bouteille, et de ce qu'elle contenoit, étoit celle de $44\frac{1}{4}$°. F. avant le mélangé, et $65\frac{1}{2}$°. après, il est évident que la bouteille avoit acquis $12\frac{1}{4}$°. degrés de chaleur; par conséquent, si nous multiplions 9,4 (le nombre qui exprime la somme des capacités pour la chaleur de la bouteille et de l'eau froide qui lui adhéroit); par $12\frac{1}{4}$°., nous aurons un produit qui exprimera le nombre de grammes d'eau qui auroient été chauffés d'un degré par la chaleur communiquée pendant l'expérience à la bouteille et à la petite portion d'eau qui adhéroit à la bouteille:

C'est 9,4 × 12,25 = 115,14 gram.

Si de la chaleur perdue par le vase, et l'eau chaude et que nous avons trouvée égale à celle nécessaire pour élever la température de 561,86 grammes d'eau un degré F.	561,83
Nous prenons la quantité que la bouteille, et l'eau adhérente à la bouteille, ont reçue	115,15
Nous aurons. . . .	446,69 gram.

d'eau chauffée un degré, qui expriment la quantité de chaleur employée pour élever de $12\frac{1}{4}$. degrés F. la température des 82,55 grammes d'huile de colsa qui ont été mis dans la bouteille.

En divisant ce nombre (446,69) par $12\frac{1}{4}$, nous verrons combien de grammes d'eau auroient été chauffés d'un degré par la quantité de chaleur en question.

C'est donc $\frac{446,69}{12,25} = 36,464$ grammes d'eau.

Par les résultats de ce calcul, nous voyons que la même quantité de chaleur qui est nécessaire pour élever la température de 36,464 gram. d'eau 12 degrés et demi du thermomètre de Fahrenheit, suffit pour élever la température de 82,55 grammes d'huile, le même nombre de degrés.

Par conséquent, la capacité de l'eau pour la chaleur est plus grande que celle de l'huile de colsa, dans la proportion 82,55 à 36,464; et si nous exprimons la capacité de l'eau par l'*unité*, comme on fait généralement et avec raison, la capacité de l'huile de colsa épurée doit être exprimée par la fraction 0,44172.

Ces détails doivent, sans doute, paroître bien munitieux et superflus à ceux qui sont versés dans les hautes sciences, et accoutumés à exprimer les relations les plus compliquées par quelques signes algébriques; mais on doit me rendre la justice de se rappeler que le sujet que je traite, n'est familier qu'à peu de personnes, et qu'il est nécessaire d'exposer avec clarté les principes sur lesquels la méthode employée est fondée, ainsi que la manière de se servir l'appareil que je recommande, pour faciliter le travail à ceux qui voudront répéter mes expériences, ou continuer ces recherches.

Une autre raison qui a contribué a me décider à être très-exact dans la description de la méthode que j'ai employée dans mes expériences, c'est la différence considérable qui se trouve entre leurs résultats, et les résultats de celles qui ont été faites par d'autres personnes.

C'est à ceux qui sont versés dans des recherches semblables, à décider quel degré de confiance les résultats des miennes méritent. Tout ce que puis dire pour les recommander, c'est d'assurer que j'ai employé beaucoup de soin en faisant les expériences, et que j'ai donné leurs résultats tels qu'ils m'ont été présentés, sans rien supprimer ni changer.

En répétant deux fois l'expérience faite avec l'*huile de colsa* épurée, j'ai eu pour résultat, dans une de ces expériences, une capacité pour la chaleur égale à. 0,44411

Et dans l'autre égale à. 0,47193

Si à ces deux résultats on ajoute celui de la première expérience égale à } 0,44172

Nous aurons pour résultat, moyen de ces trois expériences faites avec l'huile de colsa. . . . . } 0,45192

Voici les résultats de quelques expériences faites avec d'autres liquides.

Ayant fait trois expériences avec l'*huile d'olive*, elles m'ont donné pour résultats.

	Chaleur spécifique de l'huile d'olive.
Dans la première.	0,45944
Dans la seconde	0,43422
Dans la troisième	0,42183
Résultat moyen. .	0,43849

Trois expériences faites avec *du napthe*, m'ont donné les résultats suivans :

	Chaleur spécifique du napthe.
La première expérience.	0,43408
La seconde.	0,39234
La troisième	0,41905
Résultat moyen. .	0,41519

Trois expériences faites avec de l'huile de thérébentine, ont eu les résultats suivans :

	Chaleur spécifique de l'huile de thérébentine.
La première expérience.	0,29322
La seconde.	0,37031
La troisième	0,34216
Résultat moyen. .	0,33856

Deux expériences faites avec l'*alkool*, de la gravité spécifique de 817624, m'ont donné les résultats suivans, savoir :

	Chaleur spécifique de l'alkool. (G. S. = 817624.)
La première expérience.	0,54924
La seconde.	0,55063
Résultat moyen. .	0,54993

Deux expériences faites avec de l'*esprit de vin à brûler*, de la gravité spécifique de 85324, ont donné les résultats suivans :

	Chaleur spécifique de l'esprit-de-vin. (G. S. = 85324.)
La première expérience.	0,57840
La seconde	0,58317
Résultat moyen. .	0,58078

Deux expériences faites avec de l'*ether sulfurique*, de la gravité spécifique de 72880, ont eu pour résultat.

	Chaleur spécifique de l'ether sulfurique.
D'après la première expérience.	0,53711
D'après la seconde.	0,54768
Résultat moyen. .	0,54329

J'ai été fort surpris en trouvant une si grande

capacité pour la chaleur dans l'éther sulfurique ; mais ma surprise a diminué beaucoup, lorsqu'en méditant sur ce fait je me suis ressouvenu que ce liquide peut s'unir à l'alkool dans toutes les proportions, sans donner aucun signe d'une action chimique quelconque; pour cette raison, on devoit s'attendre à trouver la même capacité pour la chaleur, dans ces deux liquides.

FIN.

TABLE DES MATIÈRES.

www.ingramcontent.com/pod-product-compliance
Ingram Content Group UK Ltd.
Pitfield, Milton Keynes, MK11 3LW, UK
UKHW022120190726
13855UKWH00003B/966